Wissenschaft und Hypothese

Sammlung von Einzeldarstellungen aus dem Gesamtgebiete der Wissenschaften mit besonderer Berücksichtigung ihrer Grundlagen und Methoden, ihrer Endziele u. Anwendungen

Wissenschaft und Methode. Von H. Poincaré. Deutsch von F. und L. Lindemann. 1914. XVII. Bd.

Der Wert der Wissenschaft. Von H. Poincaré. Deutsch von E. u. H. Weber. Mit einem Vorwort des Verfassers. 3. Aufl. 1921. II. Bd.

Probleme der Wissenschaft. Von F. Enriques. Deutsch von K. Grelling. 2 Teile. 1910. XI. Bd.
  I. Teil: **Wirklichkeit und Logik.**
  II. — **Die Grundbegriffe der Wissenschaft.**

Wissenschaft und Wirklichkeit. Von M. Frischeisen-Köhler. 1912. XV. Bd.

Das Weltproblem vom Standpunkte des relativistischen Positivismus aus. Historisch-kritisch dargestellt von J. Petzoldt. 4. Aufl. unter besonderer Berücksichtigung der Relativitätstheorie. 1924. XIV. Bd.

Wissenschaft und Religion in der Philosophie unserer Zeit. Von É. Boutroux. Deutsch von E. Weber. Mit Einführungswort von H. Holtzmann. 1910. X. Bd.

Mythenbildung und Erkenntnis. Eine Abhandlung über die Grundlagen der Philosophie. Von G. F. Lipps. 1907. III. Bd.

Probleme der Sozialphilosophie. Von R. Michels. 1914. XVIII. Bd.

Verlag von B. G. Teubner in Leipzig und Berlin

Wissenschaft und Hypothese

Ethik als Kritik der Weltgeschichte. Von A. Görland. 1914. XIX. Bd.

Geschichte der Psychologie. Von O. Klemm. 1911. VIII. Bd.

Grundlagen der Psychologie. Von Th. Ziehen. 1915. In 2 Bänden. XX./XXI. Bd.

Wissenschaft und Hypothese. Von H. Poincaré. Deutsch von F. u. L. Lindemann. 3. Aufl. 1914. I. Bd.

Erkenntnistheoretische Grundzüge d. Naturwissenschaften und ihre Beziehungen zum Geistesleben der Gegenwart. Von P. Volkmann. 2. Aufl. 1910. IX. Bd.

Über Individualität in Natur- und Geisteswelt. Begriffliches und Tatsächliches. Von Th. L. Haering. 1927. XXX. Bd.

Zur Geschichte der Logik. Grundlagen und Aufbau der Wissenschaft im Urteil der mathemat. Denker. Von F. Enriques. Deutsch von L. Bieberbach. [U. d. Pr. 1926.] XXVI. Bd.

Die logischen Grundlagen der exakten Wissenschaften. Von P. Natorp. 3. Aufl. 1923. XII. Bd.

Das Wissenschaftsideal der Mathematiker. Von P. Boutroux. Übersetzt von H. Pollaczek. [U. d. Pr. 1926.] XXVIII. Bd.

Über den Bildungswert der Mathematik. Ein Beitrag zur philosophischen Pädagogik. Von W. Birkemeier. 1923. XXV. Bd.

Das Wissen der Gegenwart in Mathematik und Naturwissenschaft. Von É. Picard. Deutsch von F. u. L. Lindemann. 1913. XVI. Bd.

Verlag von B. G. Teubner in Leipzig und Berlin

Wissenschaft und Hypothese

Zehn Vorlesungen zur Grundlegung der Mengenlehre. Von A. Fraenkel. [U. d. Pr. 1926.]

Die philosophischen Grundlagen der Wahrscheinlichkeitsrechnung. Von E. Czuber. 1923. XXIV. Bd.

Die nichteuklidische Geometrie. Histor.-krit. Darstellung ihrer Entwicklung. Von R. Bonola. Deutsch von H. Liebmann. 3. Aufl. Mit 52 Fig. 1921. IV. Bd.

Grundlagen der Geometrie. Von D. Hilbert. 6. Aufl. Mit zahlr. i. d. Text gedruckten Fig. 1923. VII. Bd.

Die Grundbegriffe der reinen Geometrie in ihrem Verhältnis zur Anschauung. Untersuchungen zur psychologischen Vorgeschichte der Definitionen, Axiome und Postulate. Von R. Strohal. Mit 13 Fig. im Text. XXVII. Bd.

Die vierte Dimension. Eine Einführung in das vergleichende Studium der verschiedenen Geometrien. Von Hk. de Vries. Nach der zweiten holländischen Ausgabe ins Deutsche übersetzt von Frau Dr. R. Struik. Mit 35 Fig. im Text. 1927. XXIX. Bd.

Physik und Erkenntnistheorie. Von E. Gehrcke. 1921. XXII. Bd.

Relativitätstheorie und Erkenntnislehre. Eine Untersuchung über die erkenntnistheoretischen Grundlagen der Einsteinschen Theorie und die Bedeutung ihrer Ergebnisse für die allgem. Probleme des Naturerkennens. Von J. Winternitz. 1923. XXIII. Bd.

Das Prinzip der Erhaltung der Energie. Von M. Planck. 5. Aufl. 1925. VI. Bd.

Ebbe und Flut sowie verwandte Erscheinungen im Sonnensystem. Von G. H. Darwin. Deutsch von A. Pockels. 2. Aufl. Mit einem Einführungswort von G. v. Neumayer und 52 Illustrationen. 1911. V. Bd.

Pflanzengeographische Wandlungen der deutschen Landschaft. Von H. Hausrath. 1911. XIII. Bd.

Die Sammlung wird fortgesetzt.

Verlag von B. G. Teubner in Leipzig und Berlin

WISSENSCHAFT UND HYPOTHESE
XXXI

ZEHN VORLESUNGEN ÜBER
DIE GRUNDLEGUNG DER MENGENLEHRE

GEHALTEN IN KIEL AUF EINLADUNG DER KANT-GESELLSCHAFT,
ORTSGRUPPE KIEL, VOM 8.—12. JUNI 1925

VON

Dr. ADOLF FRAENKEL
A. O. PROFESSOR AN DER UNIVERSITÄT MARBURG A. D. L.

1927

Springer Fachmedien Wiesbaden GmbH

ISBN 978-3-663-15178-4 ISBN 978-3-663-15741-0 (eBook)
DOI 10.1007/978-3-663-15741-0
Softcover reprint of the hardcover 1st edition 1927

DEM ANDENKEN
MEINES VATERS

Vorwort

Nicht ohne Bedenken stand ich anfangs der Anregung des Herrn Verlegers gegenüber, die in Kiel gehaltenen Vorlesungen zu veröffentlichen; konnten doch diese, der Art der Hörer und der Kürze der Zeit entsprechend, nur in beschränktem Maße völlig Neues bieten. Ich verschloß mich indes nicht der Überzeugung, daß auch die Sammlung und vor allem die von didaktischen Zielen geleitete Darstellung vorhandenen Materials ihren Wert besitzen kann, wenn dieses vielfältig in Zeitschriften zerstreut vorliegt[1]); das trifft umsomehr zu, als ja die mathematische Produktion (die eigenen Arbeiten des Verfassers nicht ausgenommen) sich vorwiegend in einem Gewand darbietet, das selbst den Fachgenossen, soweit sie nicht gerade auf dem nämlichen Sondergebiet arbeiten, das Eindringen sehr erschwert. Überdies bot die gegenüber Originalaufsatz und Lehrbuch losere Form des *Vortrags* die Möglichkeit, Neues nicht nur in Gestalt fertiger Resultate zu geben, sondern auch in der Form gelegentlicher Anregungen und Hinweise auf noch ungelöste Probleme.

Aus diesen Gründen wurden die Vorlesungen, soweit dies nachträglich möglich war, in ihrer ursprünglichen zwanglosen Form wiedergegeben, die für Punkte von grundsätzlicher Bedeutung auch gelegentliche Wiederholungen nicht ängstlich vermeidet. Neben der Verarbeitung der in der Diskussion lautgewordenen dankenswerten Anregungen wurden noch Zusätze in beschränk-

---

[1]) Man wird finden, daß den mathematischen (nicht philosophischen) Ideen *H. Poincaré*s besonders breiter Raum gewährt ist; das entsprang dem (vielleicht auch auf Nachbargebieten berechtigten) Gefühl, daß viele seiner Gedanken — trotz teilweiser Zusammenfassung in Sammelbänden — nicht diejenige Verbreitung und Wirkung gefunden haben, die sie sicherlich verdienen.

tem Maße angebracht, ferner die (bis heute reichenden) literarischen Verweise und Exkurse hinzugefügt.

Die Gegenstände der Vorlesungen 3 sowie 7—10 haben wohl zum ersten Mal eine derartige, für einen weiteren Kreis berechnete und zugängliche Darstellung gefunden. Wenn hingegen der Inhalt der Vorlesungen 4—6 schon in den Schlußparagraphen meiner „Einleitung in die Mengenlehre" behandelt ist, so wird man doch auch hier, neben den durch den raschen Fortschritt der Forschung bedingten Zusätzen, mancherlei wesentliche Veränderungen bemerken, die den tiefergehenden Absichten dieser Vorlesungen und der Rücksicht auf das später Folgende entspringen; namentlich ist auf eine *einheitliche* Darstellung der intuitionistischen Ideen Wert gelegt.

Vorkenntnisse werden beim Leser nicht vorausgesetzt, wenn auch freilich der der Mengenlehre noch völlig Unkundige gut tun wird, sich für die Knappheit der einleitenden Doppelvorlesung an Hand der angeführten Literatur zu entschädigen. Die an verschiedenen Stellen eingestreuten Verweise auf Probleme außerhalb der Mengenlehre werden dem ausgebildeten Mathematiker zwar willkommen sein, sind aber für das Verständnis des Ganzen nicht wesentlich; eine Ausnahme macht höchstens die Darstellung des Intuitionismus, die nötigenfalls überschlagen werden kann. Für die ihrer Abstraktheit wegen schwierigen Partien zu Beginn und zu Ende der Vorlesungen 7—8 wird sich der weniger geübte Leser durch die Lektüre bis dorthin einigermaßen vorbereitet finden.

Mein Dank gilt zunächst den Kieler Herren, die diese Vorlesungen veranlaßt und ermöglicht haben; vor allem Herrn *Scholz*, dann den Herren *Hasse* (jetzt in Halle), *Steinitz*, *Toeplitz* sowie auch dem früheren Herrn Kurator Geh. Regierungsrat Dr. *Wende*. Weiter danke ich den Herren *Brouwer* und *von Neumann* für ihre wertvollen Ratschläge während des Druckes, sowie besonders auch dem Herrn Verleger für die Anregung der Veröffentlichung überhaupt und für sein verständnisvolles Eingehen auf meine Wünsche.

Vorwort

Wenn ich diese Schrift dem Andenken meines Vaters widme, dessen letztes Krankenlager gerade in jenen Sommerwochen 1925 begann, so liegt darin nicht bloß ein zufällig hierher geratenes Zeichen der Pietät. Wie ich ihm beinahe in jeder Hinsicht Entscheidendes verdanke, so hat er — der sich auch selbst, obgleich im praktischen Leben stehend, erfolgreich wissenschaftlich betätigt hat — mich insbesondere von früh auf ermutigt, den Weg zur Wissenschaft zu betreten und auf ihm zu verbleiben.

Marburg, Ende Dezember 1926. **Adolf Fraenkel.**

Inhalt

Seite

Erste und zweite Vorlesung: Umrisse der Cantorschen Mengenlehre. Die Antinomien der Mengenlehre und ihre Wirkung ... 1

1. Grundbegriffe 1
2. Äquivalenz und Kardinalzahl 3
3. Größenordnung der Kardinalzahlen 6
4. Die abzählbar unendlichen Mengen 6
5. Die Nichtabzählbarkeit des Kontinuums. Diagonalverfahren und Satz von Cantor 8
6. Das Rechnen mit Mengen und Kardinalzahlen 12
7. Geordnete Mengen. Ähnlichkeit und Ordnungstypus 14
8. Wohlgeordnete Mengen und Ordnungszahlen 16
9. Wohlordnungssatz und Vergleichbarkeitssatz. Das Kontinuumproblem 18
10. Die Antinomien der Mengenlehre 20
11. Die Wirkung der Antinomien 23

Dritte und vierte Vorlesung: Die nichtprädikativen Begriffsbildungen. Der Intuitionismus.[1]) 26

Der Einwand der nichtprädikativen Begriffsbildungen 26
1. Eine Hilfsbetrachtung 25
2. Die nichtprädikativen Verfahren 27
3. Beispiele hierzu 29
4. Nichtprädikative Verfahren und überabzählbare Mengen (Kontinuum) 30
5. Nichtprädikative Verfahren, Konstruktion und axiomatische Methode 32

Der Intuitionismus 34
6. Einleitung 34
7. Die Grundthese: mathematische Existenz = Konstruierbarkeit 36
8. Die Ablehnung des „tertium non datur" und ihre nächsten Folgen (Entscheidbarkeitsproblem, Mengenbegriff) 38

---

[1]) Der Inhalt dieser beiden Vorlesungen (ganz besonders von Nr. 6 ab) ist für das Verständnis der späteren Vorlesungen nicht unbedingt erforderlich.

Inhalt

	Seite
9. Die Konsequenzen für die übrige Mathematik	48
10. Die Rolle der Gesamtheit der natürlichen Zahlen. Das Verhältnis von Mathematik und Logik	50
11. Die Löwenheim-Skolemsche Paradoxie	56

Fünfte und sechste Vorlesung: Die Axiome der Mengenlehre 58

1. Die axiomatische Methode und ihre Notwendigkeit für die Begründung der Mengenlehre 58
2. Grundbegriff und Grundrelation der Axiomatik 63
3. Vorbereitende Definitionen 64
4. Relationales Axiom (Axiom der Bestimmtheit) 66
5. Die „erweiternden" bedingten Existenzaxiome (Axiome der Paarung, der Vereinigung, der Potenzmenge) 68
6. Die „einschränkenden" bedingten Existenzaxiome (Axiome der Aussonderung und der Auswahl) 74
7. Der existentiale Charakter des Auswahlaxioms 81
8. Die Bedeutung des Auswahlaxioms in der Mathematik und seine Geschichte 88
9. Absolutes Existenzaxiom 97
10. Die Frage der Festlegung des axiomatischen Mengenbegriffs durch ein abschließendes Axiom 100

Siebente und achte Vorlesung: Verschärfung des Aussonderungsaxioms. Allgemeines und Historisches zum Axiomensystem. Theorie der Äquivalenz 103

Einführung eines Funktionsbegriffs und Verschärfung des Axioms der Aussonderung 103

1. Die Notwendigkeit einer Ausmerzung des Eigenschaftsbegriffs 103
2. Der Funktionsbegriff und seine Einführung in das Aussonderungsaxiom 104
3. Grundsätzliche Bemerkungen zum definierten Funktionsbegriff 110
4. Das Axiom der Ersetzung 114

Grundsätzliche und historische Bemerkungen zu dem Axiomsystem 115

5. Das Axiomensystem und die Antinomien 115
6. Das Axiomensystem und die nichtprädikativen Prozesse. Platonische Ideen oder Schöpfungen unseres Verstandes? . . 117
7. Historisches zur Axiomatik der Mengenlehre 125

Aufbau der Mengenlehre auf dem Axiomensystem. I. Axiomatische Theorie der Äquivalenz 127

8. Allgemeine Folgerungen aus dem Axiom der Aussonderung . 127
9. Der Äquivalenzbegriff innerhalb der Axiomatik und seine Verwendung 130

X   Inhalt

Seite

Neunte und zehnte Vorlesung: Theorie der Ordnung. Die endlichen Mengen. Über die Vollständigkeit, Widerspruchsfreiheit und Unabhängigkeit des Axiomensystems 134
  II. Axiomatische Theorie der Ordnung 134
    1. Vorbereitende Betrachtungen 134
    2. Der Begriff der geordneten Menge innerhalb der Axiomatik 136
    3. Die Probleme der axiomatischen Theorie der geordneten Mengen 139
  Über die endlichen Mengen 141
    4. Stellung des Problems 141
    5. Herleitung der Theorie der endlichen Mengen aus der Axiomatik 143
    6. Über die Gleichwertigkeit der Definitionen der Endlichkeit 146
  Über die Vollständigkeit, Widerspruchsfreiheit und Unabhängigkeit des Axiomensystems 148
    7. Über die Vollständigkeit des Axiomensystems 148
    8. Wesen und Bedeutung der Widerspruchsfreiheit eines Axiomensystems 150
    9. Über Methoden zum Beweis der Widerspruchsfreiheit 156
   10. Die Zahlenlehre ein Teilgebiet der allgemeinen Mengenlehre?. 159
   11. Über die Unabhängigkeit des Axiomensystems 161
   12. Die Unabhängigkeit des Auswahlaxioms 164
Literaturverzeichnis 171
Sachregister 179
Namenregister 181

Erste und zweite Vorlesung.

Umrisse der Cantorschen Mengenlehre.
Die Antinomien der Mengenlehre und ihre Wirkung.

Meine Damen und Herren! Bevor wir an die grundsätzlichen Überlegungen gehen, die uns namentlich von der fünften Vorlesung an beschäftigen sollen, stellen wir uns das dazu erforderliche Tatsachenmaterial in einer gedrängten Auswahl aus den elementarsten und grundsätzlich wichtigsten Begriffen und Ergebnissen der Mengenlehre zusammen. Die dazu gehörigen Beweise sind für uns zumeist nicht erforderlich; für sie wie für eine weitere und genauere Ausführung ist auf die Lehrbücher der Mengenlehre zu verweisen.[1]) Wir halten uns vorläufig an den anschaulich-naiven Aufbau der Mengenlehre, wie er dem Schöpfer dieser Wissenschaft, GEORG CANTOR (1845—1918), zu verdanken ist.

1. Grundbegriffe. Unter einer Menge verstehen wir nach CANTOR jede Zusammenfassung[2]) von verschiedenen Dingen — die Elemente der Menge genannt werden — zu einem Ganzen. Von den Elementen einer Menge sagt man, sie sind in der Menge enthalten; man führt dafür ein für allemal das Zeichen ε (Abkürzung von $\dot{\varepsilon}\sigma\tau\iota$) ein, liest also „$a\ \varepsilon\ b$" als „$a$ ist in der Menge

---

1) Vgl. die Literaturzusammenstellung am Schlusse, auf die im folgenden bei allen Zitaten Bezug genommen ist. Hier sind zu nennen: Schoenflies 1, Hausdorff, Fraenkel 4, Hessenberg 1 und 4, Grelling 2. Die Mengenlehre CANTORS ist in den drei letzten Jahrzehnten des vorigen Jahrhunderts entstanden.

2) Einem etwaigen philologischen Anstoß an dieser historischen Formulierung beuge der Hinweis vor, daß natürlich nicht der *Akt* des Zusammenfassens, sondern das *Resultat* dieses Aktes gemeint ist.

b enthalten" oder „*a* ist Element von *b*" oder „*a* gehört zur Menge *b*" usw. Die Elemente einer Menge können konkret oder abstrakt (z. B. auch selbst Mengen) sein; die Menge der Sandkörner eines Sandhaufens, die der Atome des Sonnensystems, die aller „natürlichen Zahlen" 1, 2, 3, 4 usw. können als Beispiele von Mengen dienen. In den zwei ersten Beispielen enthält die Menge endlich viele Elemente, im letzten Beispiel deren unendlich viele (im üblichen Sinn verstanden, wonach keine noch so große natürliche Zahl die Anzahl der Elemente der Menge angibt); dementsprechend unterscheiden wir **endliche Mengen** und **unendliche Mengen**.

Eine Menge M ist definiert oder „existiert", sobald von jedem beliebigen Ding feststeht, ob es Element von M ist oder nicht.[3]) Dieses „Feststehen" braucht nur begrifflicher Art, nicht notwendig tatsächliche Entscheidbarkeit zu sein; z. B. existiert die Menge der „transzendenten Zahlen"[4]), obgleich wir mit den heutigen Mitteln der Wissenschaft nicht feststellen können, ob die (entweder algebraische oder transzendente) Zahl π^π zu ihr gehört oder nicht. Da eine Menge somit durch ihre Elemente allein bestimmt ist, ohne daß es etwa auf eine besondere Art oder Reihenfolge des Enthaltenseins ankäme, so bezeichnet man eine Menge auch durch (völliges oder auch, falls vor Mißverständnissen geschützt, nur teilweises) Anschreiben ihrer Elemente und Zusammenfassung mittels geschweifter Klammern; z. B. bedeutet $\{1, 2, 3, 4, \ldots\}$ die Menge aller natürlichen Zahlen.

Um viele Sätze einfacher aussprechen zu können, führt man eine (vom obigen Standpunkt aus uneigentliche) Menge ein, die

---

3) Auf eine scharfe Fassung von Begriffen wie „existieren", „feststehen" usw. wird zunächst noch verzichtet. Diese wichtige Aufgabe wird uns erst von der dritten Vorlesung an beschäftigen.

4) Die Definition der Transzendenz, deren Kenntnis und Verständnis übrigens für das Folgende keineswegs erforderlich ist, lautet: Eine Zahl a ist transzendent, wenn es keine algebraische Gleichung mit ganzzahligen Koeffizienten gibt, die die Wurzel $x=a$ besitzt. Transzendent ist z. B. die Kreiszahl π. Im allgemeinen sind unsere Kenntnisse über die Transzendenz von Zahlen noch sehr unzureichend.

überhaupt kein Element enthält. Man bezeichnet sie als die
Nullmenge, in Zeichen: o. Sie ist dadurch bestimmt, daß kein
Ding in ihr als Element enthalten ist, und gilt natürlich als endliche Menge.

Sind M und N Mengen und ist jedes Element von M auch
Element von N, so nennt man M eine **Teilmenge** (Untermenge)
von N. Jede Menge besitzt sich selbst sowie die Nullmenge als
Teilmengen.[5]

Sind mehrere Mengen gegeben und kommt ein Ding, das Element einer dieser Mengen ist, nie gleichzeitig noch in einer anderen
von ihnen als Element vor, so nennt man die gegebenen Mengen
paarweise elementefremd (vgl. die Bezeichnung „teilerfremd" in der Arithmetik).

2. Äquivalenz und Kardinalzahl. Dieser einfache und sicherlich nicht auf die Mathematik beschränkte Mengenbegriff verhilft zur Bildung eines neuen, bis vor einem halben Jahrhundert unerhörten und als unmöglich geltenden Begriffs: des
Begriffs *unendlichgroßer Zahlen*. Liegen nämlich zwei Mengen M
und N vor, so ist der Fall denkbar, daß man die Elemente von M
denen von N *umkehrbar eindeutig* (ein-eindeutig) zuordnen
kann, d. h. derart, daß bei der Zuordnung jedem Element
von M ein einziges von N und umgekehrt entspricht. Ist eine
solche Zuordnung möglich, so nennen wir sie eine **Abbildung**
beider Mengen aufeinander und bezeichnen M und N als **äquivalent**. M und N sowie auch jede zu ihnen äquivalente Menge
sind dann verknüpft durch die Eigenschaft, die nämliche Anzahl (oder, wie man es auch ausdrückt, Kardinalzahl) von Ele-

---

[5] Nur eine grobe Verkennung des Wesens einer Definition als *Festsetzung* kann daran Anstoß nehmen, daß hiernach auch die Nullmenge
als „Menge" und jede Menge als „Teilmenge" von sich selbst gilt (wie man
ja auch eine ganze Zahl als „Teiler" von sich selbst zu bezeichnen pflegt).
Man *darf* sicherlich die Begriffe „Menge" und „Teilmenge" so weit fassen,
und daß man es *tut*, liegt ausschließlich an Zweckmäßigkeitsgründen (vgl.
S. 14 und 77); man denke etwa daran, daß man in einer Theorie der
Farben, je nachdem wie es für den beabsichtigten Zweck einfacher ist,
Weiß entweder wohl oder nicht in den Begriff „Farbe" einschließen wird!

menten zu besitzen; das leuchtet für *endliche* Mengen M und N unmittelbar ein.

Es liegt indes kein Grund vor, diese Begriffsbildung auf endliche Mengen zu beschränken. Demgemäß sprechen wir auch bei äquivalenten *unendlichen* Mengen (in Ausdehnung des gewöhnlichen Anzahlbegriffs) von der ihnen gemeinsamen **Kardinalzahl** oder auch **Mächtigkeit** und nennen die Kardinalzahl **endlich** oder **unendlich** (transfinit), je nachdem für die betreffenden *Mengen* jenes oder dieses gilt. Als Kardinalzahl einer endlichen Menge gilt die Anzahl ihrer Elemente im gewöhnlichen Sinn (für die Nullmenge also die Zahl Null). Hierbei ist nur zu beachten, daß bei unendlichen Mengen (im Gegensatz zu den endlichen) der Fehlschlag eines bestimmten Versuchs, eine Abbildung zwischen den Mengen M und N herzustellen, noch nicht über ihre Äquivalenz oder Nichtäquivalenz entscheidet; erst der Nachweis, daß *überhaupt keine* Abbildung zwischen ihnen möglich ist, erweist sie als nicht-äquivalent. Ist z. B. M die Menge aller natürlichen Zahlen, N die der geraden Zahlen, so führt die Zuordnungsmethode

$$M:\quad 1\quad 2\quad 3\quad 4\quad 5\quad 6\quad 7\ldots$$
$$N:\qquad\quad 2\qquad\quad 4\qquad\quad 6\qquad\ldots$$

zu keiner Abbildung, da in M Zahlen ohne Partner in N übrigbleiben; wohl aber die Zuordnung

$$M:\quad 1\quad 2\quad 3\quad 4\quad 5\quad 6\quad 7\ldots$$
$$N:\quad 2\quad 4\quad 6\quad 8\quad 10\quad 12\quad 14\ldots,$$

bei der jeder Zahl der einen Menge je eine einzige der anderen entspricht. Beide Mengen sind also äquivalent. Ein anderes, dem Mathematiker besonders geläufiges Beispiel zweier äquivalenter Mengen erhält man in der Menge aller Punkte einer geraden Linie (oder einer begrenzten Strecke auf ihr) einerseits, in der Menge aller reellen Zahlen (oder der reellen Zahlen zwischen zwei festen Zahlen) andererseits; zur Herstellung der Abbildung braucht man nur die gerade Linie als Maßstab aufzufassen.

Man wird nicht behaupten können, daß vorstehend eine saubere „Definition" des Kardinalzahlbegriffs gegeben worden sei. Dieselbe Kritik läßt sich übrigens auch gegenüber anderen Abstraktionen der Mathematik (oder auch der Logik) üben, so z. B. gegenüber dem Verfahren, das gemeinsame Merkmal aller untereinander parallelen Geraden als ihre gemeinsame „Richtung" zu definieren. Auch der Vorschlag, die Kardinalzahl geradezu als die *Gesamtheit* aller untereinander äquivalenten Mengen zu definieren, hat ernste Bedenken gegen sich, so glücklich diese Idee in vielen analogen Fällen auch sein mag. Wie dem auch sei, vom rein mathematischen Standpunkt aus braucht uns diese Frage keine Kopfschmerzen zu machen. Wir wollen ja von Kardinalzahlen keine geheimnisvollen Wesensmerkmale feststellen, sondern nur aussagen, zwei solche seien „gleich" oder „verschieden"; das ist aber nach unserer Übereinkunft gleichbedeutend mit den Behauptungen, die zugehörigen Mengen seien äquivalent oder nicht, und hierfür haben wir in der Tat eine zweifelsfreie Definition angegeben. Die gegen dieses Verfahren zuweilen erhobenen Bedenken (z. B. Dubislav 2, S. 33) lösen sich auf, sobald man sich klarmacht, daß eine Definition des Begriffes „Kardinalzahl" überhaupt nicht beabsichtigt ist.[6]) Wünscht man diesen Begriff an sich in die Mathematik einzuführen (wie etwa den Begriff der endlichen Zahl), so muß man ganz anders vorgehen (vgl. den Schluß von Vorl. 7/8).

---

6) Daß trotzdem die Umschreibung von „zwei Mengen sind äquivalent" durch „ihre Kardinalzahlen sind gleich" überaus nützlich sein kann, zeige folgendes Beispiel (vgl. Nr. 3): die Aussage „die Kardinalzahl der Menge M ist kleiner als die der Menge N" ist infolge geeigneten Gebrauchs der obigen Umschreibung (und der damit bequem einführbaren Beziehung des Kleinerseins) gleichbedeutend mit dem Satzungeheuer: „jede zu M äquivalente Menge ist äquivalent je einer Teilmenge jeder zu N äquivalenten Menge, während keine zu N äquivalente Menge einer Teilmenge irgendeiner zu M äquivalenten Menge äquivalent ist".

3. Größenanordnung der Kardinalzahlen. Es ist leicht, gestützt auf den Äquivalenzbegriff eine *Anordnung* der Kardinalzahlen ihrer „Größe" nach einzuführen und zwar durch eine solche Definition der Aussage „𝔞 ist kleiner als 𝔟"[7]), daß diese Aussage für endliche Kardinalzahlen 𝔞, 𝔟 den üblichen Sinn besitzt. Dabei zeigt sich, daß eine Reihe der grundlegenden Eigenschaften, wie sie für die Größenordnung der gewöhnlichen Zahlen gelten, auch für die (endlichen und unendlichen) Kardinalzahlen bestehen bleiben und daß jede endliche Kardinalzahl kleiner ist als jede unendliche. Leider aber stehen der Übertragung des fundamentalen *Satzes von der Vergleichbarkeit*, wonach zwei Zahlen entweder gleich sind oder eine von ihnen kleiner ist als die andere, zunächst unüberwindliche Schwierigkeiten im Wege (wenn auch freilich kein Gegenbeispiel zweier „unvergleichbarer" Kardinalzahlen angebbar ist); das Problem läuft darauf hinaus, zu zeigen, daß von zwei beliebigen Mengen wenigstens *eine* eine Teilmenge besitzt, der die andere Menge äquivalent ist, und eben der Beweis dieser plausiblen Tatsache trotzt fürs erste allen Bemühungen. Nur die Scheu vor der Zuerteilung des Ehrentitels „Zahl" an eine Begriffsgattung, die sich nicht durch unbeschränkte Vergleichbarkeit legitimieren kann, veranlaßte CANTOR dazu, statt der Bezeichnung „Kardinalzahl" die farblosere „Mächtigkeit" zu bevorzugen.

4. Die abzählbar unendlichen Mengen. Einstweilen hängen derartige Überlegungen insofern in der Luft, als wir erst wirklich unendliche Kardinalzahlen kennenlernen müssen. Die nächstliegende, und zwar die *kleinste* unendliche Kardinalzahl ist die der Menge aller natürlichen Zahlen; diese Menge und jede ihr äquivalente wird als **abzählbare** oder **abzählbar unendliche Menge** (Menge mit abzählbar unendlich vielen Elementen) bezeichnet, weil sich die Elemente einer solchen Menge durch die gewöhnlichen natürlichen Zahlen (etwa als Indizes zu verwenden)

---

[7]) Kardinalzahlen bezeichnen wir vorerst in der Regel mit deutschen Lettern, Mengen mit lateinischen (oder griechischen).

Größenordnung der Kardinalzahlen. Abzählbare Mengen

„abzählen" lassen. Die Kardinalzahl einer abzählbaren Menge wird $\aleph_0$ [gelesen: Alef-Null[8])] oder auch $\mathfrak{a}$ genannt. Als abzählbar erweisen sich z. B. nicht nur die Menge aller *geraden* natürlichen Zahlen (S. 4) und die aller (positiven und negativen) ganzen Zahlen, sondern auch die viel umfassender scheinende Menge aller rationalen Zahlen (gemeinen Brüche) oder selbst die aller algebraischen Zahlen. Man erkennt dies beispielsweise für die Menge der rationalen Zahlen unmittelbar aus folgendem Schema, in dem alle positiven Brüche nach ihren Nennern (Zeilen!) und Zählern (Vertikalspalten!) geordnet auftreten:

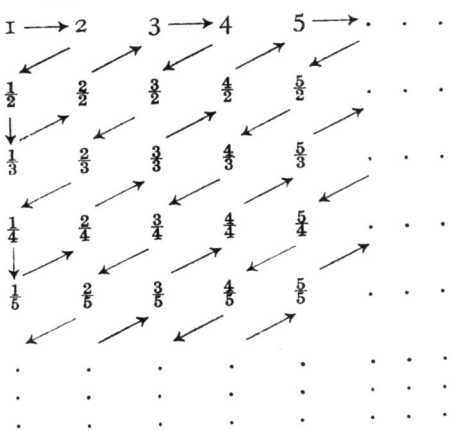

Man durchlaufe dieses Schema, mit 1 beginnend, im Sinn des durch die Pfeile angedeuteten Zickzackkurses, beseitige alle Zahlen, die vorangegangenen gleich sind (wie z. B. $\frac{2}{2}$ wegen $\frac{2}{2} = 1$) durch Fortstreichen, lasse ferner jeder vorkommenden (positiven) Zahl die entsprechende negative Zahl unmittelbar folgen und stelle schließlich vor 1 noch die Null als Anfang des Ganzen; dann hat man die rationalen Zahlen abgezählt, d. h. so geordnet, daß *jede* rationale Zahl eine bestimmte endliche Platz-

---

8) Die Verwendung des Buchstabens $\aleph$ (Alef), des Anfangsbuchstabens des hebräischen Alphabets, geht auf CANTOR zurück.

nummer erhält, nämlich den Stellenzeiger ihres Auftretens beim Durchlaufen des Schemas im bezeichneten Sinn.

Ebenso einfach zeigt man das Bestehen einer Äquivalenz zwischen anderen, auf den ersten Blick sehr „verschieden großen" Mengen: z. B. zwischen der Menge aller Punkte einer geraden Strecke und der aller Punkte einer doppelt so großen Strecke oder auch einer unbegrenzten geraden Linie; ja sogar zwischen den Mengen der Punkte einer Strecke einerseits, der Punkte eines Quadrats oder eines Würfels oder selbst des unbegrenzten Raumes andererseits. Je zwei solchen äquivalenten Mengen kommt nach Definition (S. 4) die nämliche Kardinalzahl zu. Es liegt so die Auffassung nahe, als ob die Unterschiede im Unendlichen sich auflösten und die Äquivalenz irgend zweier unendlicher Mengen, d. h. die Möglichkeit ihrer Abbildung aufeinander, bei Aufwand genügenden Scharfsinns stets gezeigt werden könne. Träfe dies zu, so gäbe es nur eine einzige unendliche Kardinalzahl „unendlich", mit deren Einführung man natürlich nicht das Mindeste bezwecken würde.

5. Die Nichtabzählbarkeit des Kontinuums. Diagonalverfahren und Satz von CANTOR. Demgegenüber liegt der eigentliche Beginn der Mengenlehre in CANTORS Entdeckung, daß *nicht* alle unendlichen Mengen untereinander äquivalent sind, daß es also *verschiedene* unendliche Kardinalzahlen gibt. Das einfachste und wichtigste Beispiel einer *nicht-abzählbaren* unendlichen Menge, deren Kardinalzahl also von a verschieden (und zwar *größer*) ist, wird dargestellt durch das „Kontinuum", d. h. etwa durch die Menge aller Punkte einer beliebigen Strecke oder der unbegrenzten geraden Linie bzw. — was auf dasselbe hinauskommt — aller reellen Zahlen zwischen zwei beliebigen festen Zahlen, beispielsweise zwischen Null und Eins, oder auch aller reellen Zahlen überhaupt (vgl. den Beginn des vorigen Absatzes).

Ein Beweis dieser Behauptung, wonach das Kontinuum nicht abzählbar ist, muß seiner grundsätzlichen Bedeutung wegen hier wenigstens skizziert werden. Wir gehen indirekt vor, nehmen somit an, es existierte irgendeine Abzählung aller reellen Zahlen zwi-

Nichtabzählbarkeit des Kontinuums

schen 0 und 1, und denken uns eine bestimmte Abzählung gegeben, in der also jeder solchen Zahl eine gewisse Platznummer zukommt. Nun kann man, wie in der Arithmetik gezeigt wird, die reellen Zahlen zwischen 0 (ausschließlich) und 1 (einschließlich) einheitlich und eindeutig durch die mit 0, ... beginnenden unendlichen (nicht abbrechenden) Dezimalbrüche bezeichnen; wem der Begriff „reelle Zahl" noch nicht geläufig ist, der mag diese Bezeichnung durch Dezimalbrüche als Erklärung jenes Begriffs auffassen. Demgemäß denken wir uns die ersten Zahlen der vorausgesetzten Abzählung so angeschrieben:

1) $0, a_1 a_2 a_3 a_4 \ldots$
2) $0, b_1 b_2 b_3 b_4 \ldots$
3) $0, c_1 c_2 c_3 c_4 \ldots$
4) $0, d_1 d_2 d_3 d_4 \ldots$
. .
. .
. .

Hierbei bedeuten die Buchstaben (a_1 usw.) stets *Ziffern* zwischen 0 und 9. Denken wir uns diese Liste endlos fortgesetzt, so muß sich nach Voraussetzung jede reelle Zahl samt ihrer Platznummer darin finden.

Indes ist es leicht reelle Zahlen zwischen 0 und 1 anzugeben, die in dieser Liste *nicht* vorkommen können. Bezeichnen wir z. B. mit α_1 die Ziffer 1 oder, falls zufällig $a_1 = 1$ ist, die Ziffer 2, und setzen wir ebenso $\beta_2 = 1$ bzw. (falls $b_2 = 1$) $\beta_2 = 2$, entsprechend $\gamma_3 = 1$ bzw. (falls $c_3 = 1$) $\gamma_3 = 2$ usw., so erhalten wir eine Folge von Ziffern

$$\alpha_1, \beta_2, \gamma_3, \delta_4, \ldots$$

von der Eigenschaft, daß (für jeden Wert von n) die n^{te} Ziffer dieser Folge stets verschieden ist von der n^{ten} Ziffer des n^{ten} Dezimalbruchs obiger Abzählung. Der so durch die „Diagonale" jener Abzählung bestimmte unendliche Dezimalbruch

$$D = 0, \alpha_1 \beta_2 \gamma_3 \delta_4 \ldots,$$

der wiederum eine reelle Zahl zwischen 0 und 1 darstellt, kommt also in der Abzählung nicht vor, da D sich von jeder dort stehenden Zahl in *mindestens einer* Dezimalen unterscheidet.[9]) (Übrigens gelangt man offenbar auf dem gleichen Weg auch zu anderen derartigen Zahlen.) Unsere Abzählung enthält also *nicht* alle reellen Zahlen zwischen 0 und 1, und die Voraussetzung, wonach die Menge all dieser Zahlen abzählbar sein sollte, ist demnach unhaltbar. Für die Kardinalzahl dieser Menge ist also ein von a verschiedenes Zeichen erforderlich; man bezeichnet sie meist mit c (**Mächtigkeit des Kontinuums**).

Wohl niemand, der diesen Beweis zum erstenmal kennenlernt, wird bei aller Bewunderung des einfachen und weittragenden Grundgedankens („Diagonalverfahren" genannt) ein peinliches Gefühl unterdrücken können, dem eine tiefere Berechtigung zukommen dürfte als der Abneigung Schopenhauers gegen den „Mäusefallenbeweis des pythagoreischen Lehrsatzes"; ein Gefühl, das zwar die zwingende Kraft des Gedankenganges nicht leugnet, in der Anordnung seiner Schlüsse aber etwas Hinterlistiges oder wenigstens Unfaires empfindet. Ein erheblicher Teil dieses Widerstrebens verschwindet, wenn man den Beweis, statt indirekt, vielmehr im Hauptteil direkt anlegt — eine logische Vereinfachung, die unabhängig ist von der besonderen Natur des vorliegenden Satzes und deren Unterbleiben in zahllosen mathematischen Beweisen sich nur durch eine mehr alte als gute Gewohnheit erklärt (vgl. Hessenberg 3, S. 11 ff.). Hiernach besagt das Diagonalverfahren: Zu jeder gegebenen abzählbaren Menge reeller Zahlen zwischen 0 und 1 kann man stets ebensolche Zahlen angeben, die in jener Menge nicht vorkommen. Daraus folgt sofort, daß die Menge *aller* reellen Zahlen zwischen 0 und 1 *nicht* abzählbar ist; denn weitere Zahlen dieser Art kann es ja nicht geben.

---

9) Das Wesentliche einer derartigen Zahlkonstruktion liegt natürlich nicht in der Berechnung der ersten paar Dezimalstellen, auf die es im Grunde wenig ankommt, sondern in der Angabe eines allgemeinen Berechnungs*gesetzes*, wie es in den beiden letzten Absätzen enthalten ist. Entsprechendes gilt für alle konstruktiven Existenzbeweise der Mathematik (vgl. Vorl. 3/4, Nr. 7).

Auch dieser Form des Beweises wird noch nicht jedermann vollen Geschmack abgewinnen können; wir kommen später (Vorl. 3/4, Nr. 4) darauf zurück, doch sei einstweilen eine unvoreingenommene logische Prüfung des Gedankengangs empfohlen.

Noch eine andersartige Bemerkung zum vorstehenden Beweis! Die Tatsache, daß der Mensch zehn Finger besitzt, hat zwar zur Bevorzugung des dekadischen Positionssystems und der Dezimalbrüche Anlaß gegeben, ist aber sicherlich ohne Einfluß auf die mathematischen Wahrheiten. Demgemäß kann man die reellen Zahlen, statt als Dezimalbrüche (Grundzahl 10, Ziffern 0 bis 9), ebensogut auch als Dualbrüche (Grundzahl 2, Ziffern 0 und 1) darstellen und in diesem Sinn den vorstehenden Beweis mit einer unwesentlichen Veränderung durchführen. Nun lassen sich aber die Dualbrüche

$$E = 0, e_1 e_2 e_3 e_4 e_5 \ldots (e_n = 0 \text{ oder } 1)$$

anschaulich und umkehrbar eindeutig den *Teilmengen E' der Menge der natürlichen Zahlen* $\{1, 2, 3, 4, 5, \ldots\}$ zuordnen, nämlich durch folgende Regel: in E' soll die natürliche Zahl n vorkommen oder nicht, je nachdem die n^{te} Ziffer von E (d. i. e_n) 1 oder 0 ist. (Der Dualbruch 0,110100100010001 ... z. B. bestimmt hiernach die Menge $\{1, 2, 4, 7, 11, 16, \ldots\}$.) Man bezeichnet in diesem Sinn die Menge E' anschaulich als eine gewisse *Belegung* der Menge N aller natürlichen Zahlen mit den beiden Ziffern 1 und 0 oder, anschaulicher gesprochen, mit den beiden Symbolen „da" und „nicht da"; demgemäß ist die Menge *aller* Teilmengen von N nichts anderes als die Menge aller möglichen Belegungen von N mit jenen zwei Ziffern oder Symbolen. Unser Beweis zeigt daher, wenn noch unwesentliche Modifikationen angebracht werden, namentlich auch folgendes: Die Menge aller Teilmengen einer abzählbar unendlichen Menge ist ihrerseits nicht mehr abzählbar, sondern von der größeren Mächtigkeit $\mathfrak{c}$. Durch eine naturgemäße Verallgemeinerung dieses Diagonalverfahrens kann man sich schließlich noch von der Voraussetzung der Abzählbarkeit befreien und somit beweisen: *Zu jeder end-*

lichen oder unendlichen Menge M existieren Mengen von noch größerer Kardinalzahl (Mächtigkeit), z. B. die Menge aller Teilmengen von M. Es gibt also keine größte Kardinalzahl. (Satz von CANTOR.)

Von der überraschenden Anwendbarkeit dieses Ergebnisses außerhalb der Mengenlehre ist hier nicht der Ort zu sprechen. Grundsätzlich aber liegt seine entscheidende Bedeutung in der Möglichkeit, über den quallenhaften Allgemeinbegriff „Unendlich" hinausgehend scharfe Unterschiede im Gebiete des Unendlichen zu machen und so im Bereich der (unendlich vielen verschiedenen) unendlichen Kardinalzahlen eine Arithmetik aufzubauen. Diese zeigt sogar bemerkenswerte Ähnlichkeiten mit der Arithmetik der endlichen Zahlen, wenn es auch unbillig und vergeblich wäre zu verlangen, daß sich bei dem ungeheuren Schritt vom Endlichen zum Unendlichen einfach alle Verhältnisse der gewöhnlichen Arithmetik unverändert übertragen lassen.

6. Das Rechnen mit Mengen und Kardinalzahlen. Um mit Kardinalzahlen rechnen zu können, definieren wir zunächst *ein Rechnen mit Mengen*. Als **Summe** oder **Vereinigungsmenge** beliebig vieler gegebener Mengen gilt diejenige Menge, die all die Elemente und nur sie enthält, welche in irgendeiner der gegebenen Mengen (der „Summanden") vorkommen. Sind die als Summanden auftretenden Mengen paarweise elementefremd, so wird die Kardinalzahl der Summe als die **Summe** der Kardinalzahlen der einzelnen Summanden bezeichnet. Damit diese Festsetzung der Addition einen eindeutigen Sinn habe, ist offenbar die Voraussetzung der Elementefremdheit unerläßlich; sonst würde $2 + 3$ gleich 5 oder auch gleich 4 zu gelten haben, je nachdem die beiden Summanden mit 2 bzw. 3 Elementen *kein* oder *ein* gemeinsames Element aufweisen. Daß und inwiefern jene Voraussetzung in der Tat genügt, um die obige Definition der Addition von Kardinalzahlen sinnvoll zu machen, wird uns noch später (Vorl. 5/6, Nr. 8) beschäftigen. Hiernach ist z. B. $a + a = a$, da die Menge der positiven ganzen Zahlen, die der negativen ganzen Zahlen einschließlich Null, endlich auch die *aller* ganzen Zahlen sämtlich abzählbar sind. Ebenso ist $\mathfrak{a} + \mathfrak{a} + \mathfrak{a} + \ldots = \mathfrak{a}$ (abzählbar unendlich viele Summanden), wie die Abzählbarkeit der Gesamtheit der rationalen Zahlen (Nr. 4) erkennen läßt; die Summe abzählbar unendlich vieler abzählbarer Mengen ist wiederum abzählbar.

Als Durchschnitt beliebig vieler gegebener Mengen wird die Menge derjenigen Elemente bezeichnet, die in allen gegebenen Mengen gleichzeitig vorkommen. Der Durchschnitt elementefremder Mengen ist also die Nullmenge.

Unter dem Produkt[10]) (oder der Verbindungsmenge) zweier elementefremder Mengen A und B versteht man die Menge aller „Paare" $\{a, b\}$, wo a alle Elemente von A und (unabhängig davon) b alle Elemente von B zu durchlaufen hat. Allgemeiner bedeutet das Produkt $A \cdot B \cdot C \cdot D \ldots$ beliebig vieler, paarweise elementefremder Mengen („Faktoren") $A, B, C, D, \ldots$ die Menge, deren Elemente alle möglichen Mengen $\{a, b, c, d, \ldots\}$ sind, wobei unabhängig voneinander a bzw. b usw. die sämtlichen Elemente von A bzw. B usw. durchläuft. Das Produkt ist dann und nur dann die Nullmenge, wenn unter den Faktoren sich die Nullmenge befindet. Wiederum schreiten wir von der Multiplikation von Mengen zu der von Kardinalzahlen fort durch die Festsetzung: die Kardinalzahl des Produktes paarweise elementefremder Mengen gilt als das Produkt der Kardinalzahlen der einzelnen Faktoren.

Die Zweckmäßigkeit dieser (auf den ersten Blick vielleicht willkürlich erscheinenden) Definitionen und ihre gleichzeitige Gültigkeit für die gewöhnliche Multiplikation im Endlichen erhellt sofort, wenn man sich als Faktoren lauter endliche Mengen, und zwar in endlicher Anzahl vorstellt. Um ein nicht-endliches Beispiel zu gewinnen, schließt man aus der Äquivalenz zwischen den Mengen der natürlichen und der rationalen Zahlen (bzw. der

---

10) Manche Autoren verstehen unter „Produkt" den Durchschnitt, was sachlich mit guten Gründen zu belegen ist; der Einfachheit halber ziehen wir hier die obige Bezeichnungsweise vor.

Punkte einer geraden Strecke und eines Quadrats) (Nr. 4) sehr leicht: $\mathfrak{a} \cdot \mathfrak{a} = \mathfrak{a}$ (bzw. $\mathfrak{c} \cdot \mathfrak{c} = \mathfrak{c}$).

Unmittelbar hieraus — wenn man nämlich die Faktoren untereinander äquivalent, d. h. von der gleichen Kardinalzahl annimmt — folgt die Bedeutung einer Potenz $\mathfrak{m}^\mathfrak{n}$, in der die Basis $\mathfrak{m}$ wie der Exponent $\mathfrak{n}$ Kardinalzahlen sind. Wir setzen diesen Begriff noch in Beziehung zu einem schon behandelten Beispiel. Zu Ende von Nr. 5 erwies sich die Menge der reellen Zahlen zwischen 0 und 1 als im wesentlich dasselbe wie die Menge aller möglichen Belegungen der Menge der natürlichen Zahlen mit zwei Ziffern (z. B. mit 0 und 1). Wie man aus dem vorletzten Absatz mittels einer einfachen Überlegung schließen kann, fällt diese Menge von Belegungen wiederum (bis auf die Bezeichnung) zusammen mit einem Produkt aus abzählbar unendlich vielen Mengen von je zwei Elementen. Schließlich hat ein derartiges Produkt nach dem Beginn dieses Absatzes die Kardinalzahl $2^\mathfrak{a}$. Hiernach läßt sich der Satz von CANTOR auch so ausdrücken: Die Menge aller Teilmengen der Menge der natürlichen Zahlen hat die Kardinalzahl $2^\mathfrak{a} = \mathfrak{c}$, die größer ist als $\mathfrak{a}$; entsprechend besitzt die Menge aller Teilmengen einer Menge von der Kardinalzahl $\mathfrak{m}$ die Kardinalzahl $2^\mathfrak{m}$, die größer ist als $\mathfrak{m}$. Wegen der Rolle, die in diesem Satz die Potenz spielt, wird die Menge aller Teilmengen (Untermengen) der Menge M kurz die Potenzmenge von M genannt und mit $\mathfrak{U}M$ bezeichnet.

7. Geordnete Mengen. Ähnlichkeit und Ordnungstypus. Genau entsprechend, wie die Begriffsbildung der Kardinalzahl (Nr. 2) eine naturgemäße Verallgemeinerung des endlichen *Anzahl*begriffs darstellt, gelangt man vom Begriff der endlichen *Ordnungszahl* aus zu dem des beliebigen Ordnungstypus. Zu diesem Zweck betrachten wir neben den Mengen schlechthin auch geordnete Mengen, die nicht schon durch die Gesamtheit der in ihnen enthaltenen Elemente bestimmt sind, sondern für die noch das Merkmal einer Ordnungsrelation hinzutritt, also einer bestimmten Reihenfolge, in der die Elemente innerhalb der geordneten Menge auftreten. Für je zwei verschiedene Elemente

m und m' der geordneten Menge M soll demgemäß eindeutig feststehen, ob in M $m \prec m'$ („m vor m'", „m' nach m", „m vorangeht und m' nachfolgt") oder $m' \prec m$. Die Ordnungsrelation hat (genau wie sonst in der Mathematik) die „transitive" Eigenschaft: sind m, m' und m'' Elemente der geordneten Menge M, so folgt aus $m \prec m'$ und $m' \prec m''$ stets $m \prec m''$. Durch eine geordnete Menge werden von selbst alle ihre Teilmengen geordnet.

Die nämliche Menge kann auf verschiedene Weisen geordnet werden und so zu verschiedenen geordneten Mengen Anlaß bieten. Z. B. besitzt die Menge aller positiven rationalen Zahlen (gemeinen Brüche) in der üblichen, der Größe der Zahlen entsprechenden Anordnung weder ein erstes (kleinstes) noch ein letztes (größtes) Element, und „zwischen" je zwei verschiedenen positiven rationalen Zahlen liegen stets noch unendlich viele andere. In der abgezählten Anordnung von Nr. 4 hingegen enthält die Menge der positiven rationalen Zahlen zwar gleichfalls kein letztes Element, wohl aber ein erstes (die Eins) und zu jedem ihrer Elemente ein *unmittelbar* nachfolgendes (das nächste auf dem dortigen Zickzackweg). Während ungeordnete Mengen, die in ihren Elementen übereinstimmen, im Sinn von Nr. 1 als gleich zu betrachten sind, gelten geordnete Mengen eben erst dann als gleich, wenn überdies noch in beiden für jedes Paar gleicher Elemente stets die nämliche Reihenfolge festgelegt ist. — Es bleibe übrigens dahingestellt, ob nicht, wie jedenfalls psychologisch, so auch logisch der Begriff der geordneten Menge der ursprüngliche, der der ungeordneten Menge aber erst der abgeleitete ist.

Sind zwei geordnete Mengen M und N gegeben, so kann es sein, daß zwischen ihren Elementen eine Zuordnung folgender Art herstellbar ist: erstens ist die Zuordnung wie in Nr. 2 umkehrbar eindeutig, stellt also eine Abbildung zwischen M und N dar; zweitens herrscht in je zwei vermöge der Zuordnung einander entsprechenden Elementepaaren beidemal die nämliche Anordnung, d. h. sind m und m' irgend zwei Elemente von M, n und n' die ihnen zugeordneten von N, so steht n vor n' oder umgekehrt in N, je nachdem m vor m' in M steht oder umgekehrt. Eine Abbildung zwischen geordneten Mengen mit dieser zweiten Eigenschaft heißt eine **ähnliche Abbildung**, und geordnete Mengen werden einander **ähnlich** genannt, falls eine ähnliche Abbildung zwischen ihnen möglich ist. Eine zwar notwendige, keineswegs aber hinreichende Bedingung der Ähnlichkeit geordneter Mengen ist demnach ihre Äquivalenz. Schließlich gelangt man vom Begriff der Ähnlichkeit zu dem des (endlichen oder unendlichen) **Ordnungstypus** genau ebenso, wie in Nr. 2 vom Begriff der Äquivalenz zu dem der Kardinalzahl: ähnlichen geordneten Mengen und nur solchen kommt also der nämliche Ordnungstypus zu.

Im Endlichen pflegt man zwischen Anzahlen (Kardinalzahlen) und Ordnungszahlen (Ordnungstypen) keinen wesentlichen Unterschied zu machen; die Zahl 3 dient üblicherweise als Kardinalzahl und gleichzeitig als Ordnungstypus einer (geordneten) Menge von drei Elementen. Das beruht lediglich auf dem Satz, wonach die aus einer endlichen Menge durch alle möglichen Anordnungen entstehenden geordneten Mengen sämtlich einander ähnlich sind (vgl. Vorl. 9/10, Nr. 5). Hingegen gehören zu einer *unendlichen* Kardinalzahl oder Menge, wie man nach den oben angeführten Beispielen leicht einsieht, neben einem Ordnungstypus immer noch weitere (sogar unendlich viele verschiedene), die den möglichen Umordnungen entsprechen.

Über das Rechnen mit Ordnungstypen sei nur das eine vermerkt: läßt man auf die Elemente einer Menge vom Ordnungstypus μ die Elemente einer Menge von Ordnungstypus ν *nachfolgen*, so wird der Ordnungstypus der entstehenden geordneten Gesamtmenge mit $\mu + \nu$ (in dieser Reihenfolge) bezeichnet.

8. Wohlgeordnete Mengen und Ordnungszahlen. Bei den unendlichen Kardinalzahlen blieb (vgl. Nr. 3) die Frage ihrer Vergleichbarkeit einstweilen unentschieden, weshalb man Bedenken trug sie als Zahlen zu titulieren und die Bezeichnung „Kardinalzahl" vielfach durch „Mächtigkeit" ersetzte. Bei den Ordnungstypen ist eine Größenanordnung, die ihnen Vergleichbarkeit

Ordnungstypen und Ordnungszahlen

sichern könnte, sogar *keinesfalls* möglich. Dagegen gibt es eine ausgezeichnete Klasse von Ordnungstypen, innerhalb deren eine Größenanordnung mit durchgängiger Vergleichbarkeit leicht ausführbar ist; die Ordnungstypen dieser Klasse führen den Ehrennamen „Ordnungszahlen".

Um sie zu definieren, gehen wir wieder von den Mengen aus und bezeichnen eine geordnete Menge als wohlgeordnet, falls jede von 0 verschiedene Teilmenge von ihr (also auch sie selbst) ein erstes Element besitzt. Jede endliche geordnete Menge wie auch z. B. die Menge der natürlichen Zahlen in der üblichen Anordnung ist also wohlgeordnet, nicht aber die Menge *aller* ganzen Zahlen in ihrer Größenanordnung:

$$\{\ldots, -4, -3, -2, -1, 0, 1, 2, 3, 4, \ldots\}$$

und nicht die Menge der ihrer Größe nach geordneten rationalen (oder reellen) Zahlen. In einer wohlgeordneten Menge muß es nach Definition z. B. unter allen auf ein festes Element folgenden Elementen ein erstes geben, d. h. zu jedem Element einer wohlgeordneten Menge gibt es ein *unmittelbar nachfolgendes*.

Die Ordnungstypen wohlgeordneter Mengen (u. a. also alle *endlichen* Ordnungstypen) heißen Ordnungszahlen. Es ist leicht eine Größenanordnung der Ordnungszahlen derart zu definieren, daß sie sich mit der im Endlichen verwendeten Anordnung deckt, und daß je zwei Ordnungszahlen stets vergleichbar sind. Auf jede Ordnungszahl μ folgt eine *nächstgrößere*, nämlich $\mu + 1$ (vgl. den Schluß der vorigen Nr.). Bezeichnet man die Ordnungszahl jeder *abgezählten* Menge (vgl. Nr. 4), d. h. der Menge der natürlichen Zahlen in der üblichen Reihenfolge oder einer dazu ähnlichen Menge, mit ω und schreibt man die (sich entsprechend wie vorhin erklärende) Summe $\omega + \omega$ kürzer als $\omega \cdot 2$ usw., so beginnt bei Anordnung der Größe nach die Gesamtheit O aller Ordnungszahlen wie folgt:

$0, 1, 2, 3, \ldots \omega, \omega + 1, \omega + 2, \ldots \omega \cdot 2, \omega \cdot 2 + 1, \omega \cdot 2 + 2, \ldots$
$\omega \cdot 3, \omega \cdot 3 + 1, \ldots \omega \cdot 4, \ldots \omega \cdot \omega, \omega \cdot \omega + 1, \ldots \omega \cdot \omega + \omega, \ldots$

Bei Verwendung eines geeigneten Potenzbegriffs kann man mit relativ einfacher Schreibweise bis zu noch sehr viel größeren Ordnungszahlen vorwärtsschreiten. Das Bildungsgesetz der angedeuteten (übrigens selbst wohlgeordneten) Aufeinanderfolge, das dieser eine unbeschränkte und eindeutige Fortsetzbarkeit sichert, läßt sich offenbar so ausdrücken: Jede Ordnungszahl μ ist der Ordnungstypus der wohlgeordneten Menge aller (in der Reihenfolge nach ihrer Größe auftretenden) kleineren Ordnungszahlen als μ.

Diese überaus kühne Fortsetzung der gewöhnlichen Zahlenreihe in das Unendliche hinein und weiter innerhalb des Unendlichen bedeutet einen der folgenreichsten Schritte CANTORS, der daran eine durch innere Schönheit ausgezeichnete Theorie anknüpft; HILBERT beurteilt diese als ,,die bewundernswerteste Blüte mathematischen Geistes und überhaupt eine der höchsten Leistungen rein verstandesmäßiger menschlicher Tätigkeit'' (Hilbert 5, S. 167).

Zwei wohlgeordnete Mengen lassen sich hinsichtlich der ihnen zukommenden Ordnungszahlen stets vergleichen: entweder sind sie ähnlich, d. h. von gleicher Ordnungszahl, oder eine von ihnen hat eine kleinere Ordnungszahl als die andere. In beiden Fällen ist die eine Menge ähnlich zu einer Teilmenge der anderen (eventuell zu dieser selbst). Daher sind (vgl. Nr. 3) *je zwei wohlgeordnete Mengen auch hinsichtlich ihrer Kardinalzahlen stets vergleichbar*. Die Kardinalzahlen wohlgeordneter Mengen lassen sich in analoger Weise ihrer Größe nach anordnen wie die Ordnungszahlen; insbesondere folgt auf die kleinste unendliche unter ihnen, nämlich auf die Kardinalzahl $\mathfrak{a} = \aleph_0$ der abgezählten Mengen, die nächstgrößere (Alef-Eins) usw., wie es das Schema der ,,Alefs''

$$0, 1, 2, \ldots \aleph_0, \aleph_1, \aleph_2, \ldots \aleph_\omega, \aleph_{\omega+1}, \ldots$$

andeutet.

9. Wohlordnungssatz und Vergleichbarkeitssatz. Das Kontinuumproblem.

Aus einer ungeordneten oder einer zwar geordneten, aber nicht wohlgeordneten Menge kann man in vielen

Fällen durch geeignete Anordnung oder Umordnung der Elemente mit Leichtigkeit eine wohlgeordnete Menge herstellen; von der auf S. 17 angeschriebenen Menge aller ganzen Zahlen in ihrer Größenanordnung z. B. gelangt man durch Umordnung zu der wohlgeordneten Menge:

$$\{0, 1, -1, 2, -2, 3, -3, \ldots\}.$$

Angesichts der besonders einfachen Gesetze, die im Reich der wohlgeordneten Mengen und der Ordnungszahlen herrschen, würde es von überwältigend großer Bedeutung sein, wenn es gelänge, für jede Menge eine derartige Anordnung zu einer wohlgeordneten Menge oder kürzer: eine *Wohlordnung* zu ermöglichen. U. a. würde dann das Problem der Vergleichbarkeit beliebiger Mengen hinsichtlich ihrer Kardinalzahlen (vgl. Nr. 3) gelöst sein; denn die aus zwei gegebenen Mengen durch Wohlordnung entstehenden wohlgeordneten Mengen sind nach dem vorigen Absatz hinsichtlich ihrer Kardinalzahlen vergleichbar, also auch die gegebenen Mengen, deren Elementebestand ja durch die Wohlordnung nicht verändert wird.

In Bestätigung einer alten Vermutung CANTORS, der die Wohlordnungsfähigkeit jeder beliebigen Menge als ein „grundlegendes und folgenreiches, durch seine Allgemeingültigkeit besonders merkwürdiges Denkgesetz" bezeichnet, hat ZERMELO im ersten Jahrzehnt dieses Jahrhunderts in zwei historisch gewordenen Arbeiten (Zermelo 1 und 2) Beweise des **Wohlordnungssatzes** geliefert, der aussagt, daß jede Menge wohlgeordnet werden kann. Von diesen Beweisen, die heftige Angriffe auf sich gezogen haben, wird später noch die Rede sein (Vorl. 3/4, Nrn. 3 und 7; 5/6, Nrn. 7 f.). Eine unmittelbare Folge des Wohlordnungssatzes ist nach dem vorigen Absatz der **Vergleichbarkeitssatz**, wonach von je zwei verschiedenen Kardinalzahlen eine kleiner ist als die andere (und somit kein Anlaß zu einer Unterscheidung zwischen Kardinalzahlen und Mächtigkeiten besteht).

Wenn hiernach jede Mächtigkeit sich als Kardinalzahl einer

wohlgeordneten Menge auffassen läßt, so muß auch die Mächtigkeit c des Kontinuums, die nach Nr. 5 größer ist als $\aleph_0$, unter den zu Ende von Nr. 8 angeschriebenen Alefs auftreten. Das **Kontinuumproblem**, das seit mehr als drei Jahrzehnten im Vordergrund des mathematischen Interesses steht, besteht in der Frage: mit *welchem* dieser Alefs fällt c zusammen? Obgleich die von CANTOR aufgestellte Hypothese $c = \aleph_1$ vieles für sich hat, ist doch eine endgültige Lösung des Problems bis heute nicht gelungen (vgl. Vorl. 3/4, Nr. 7). Die CANTORsche Hypothese besagt, daß das Kontinuum das zweitkleinste Alef (nächst dem der abzählbaren Mengen) als Kardinalzahl besitzt, m. a. W. daß jede unendliche Teilmenge des Kontinuums, also z. B. jede Menge von reellen Zahlen, entweder der Menge aller *natürlichen* Zahlen oder aber der Menge *aller reellen* Zahlen äquivalent ist. In einer neueren Arbeit (Sierpiński 5) findet man eine Zusammenstellung verschiedenartiger (unbewiesener) Behauptungen, die der CANTORschen Kontinuumshypothese *gleichwertig* sind, sowie Hinweise auf die Konsequenzen, die die Richtigkeit dieser Hypothese nach sich ziehen würde.

10. Die Antinomien der Mengenlehre. Seit Ende des vorigen Jahrhunderts, nachdem sich gerade CANTORS Ideen gegen den anfänglichen hartnäckigen Widerspruch des überwiegenden Teiles der mathematischen Welt erfolgreich durchgesetzt hatten[11]), ergaben sich eine Reihe von logischen Widersprüchen, die sich auf den Mengenbegriff CANTORS (vgl. Nr. 1) oder auch auf andere Begriffe der Mengenlehre stützten und somit ernste Beunruhigung zu erregen geeignet waren. Einige charakteristische unter diesen „Antinomien" oder „Paradoxien" der Mengenlehre seien hier angeführt.

---

[11]) Gegenüber einer irrigen Darstellung POINCARÉS, die viel Verbreitung gefunden hat, verdient hervorgehoben zu werden, daß neben WEIERSTRASS auch HERMITE zu denjenigen gehört hat, die nach anfänglichem Vorurteil gegen die Mengenlehre ihr später entschiedene Zuneigung entgegenbrachten (vgl. Young, S. 423).

Das (ZERMELO-)RUSSELLsche Paradoxon: Mittels logischer Disjunktion schließen wir, daß eine wie immer beschaffene Menge entweder sich selbst als Element enthält oder nicht. Ob beides vorkommen kann, braucht uns nicht zu interessieren. Übrigens ist z. B. die Menge {o}, die als einziges Element die Nullmenge enthält und demnach von der Nullmenge, die *kein* Element besitzt, verschieden ist, ein Beispiel der zweiten Art, ebenso die Menge aller natürlichen Zahlen (oder aller Menschen), die selbst keine Zahl (kein Mensch) ist. Für die erste Art mag man die Menge aller abstrakten Begriffe, die ihrerseits ein abstrakter Begriff ist, als passendes Beispiel ansehen; doch ist eine greifbarere Veranschaulichung auch dieser zweiten Art möglich: man denke etwa an ein System von zwei oder drei zweckmäßig einander gegenübergestellten Spiegeln, vermöge dessen in dem ersten Spiegel, neben anderen abgebildeten Gegenständen, auch sein eigenes Bild gewissermaßen „als Element" erscheint, in diesem wiederum sein Abbild usw. Eine Menge, die sich selbst *nicht* als Element enthält, soll für den Augenblick kurz eine μ-Menge genannt werden.

M sei nun die Menge aller Mengen, die sich nicht als Element enthalten, d. h. die Menge, die als Elemente sämtliche μ-Mengen und nur sie enthält. Vermöge logischer Disjunktion ist M *entweder* eine μ-Menge *oder* nicht.

Der erstere Fall besagt, daß M sich nicht als Element enthält. Da M nach Definition aber alle μ-Mengen enthalten sollte, ist die erste Annahme ausgeschlossen. Wenn somit der zweite Fall zutrifft, also M keine μ-Menge ist, so heißt dies: M enthält sich selbst als Element. M enthielte somit eine Menge, die keine μ-Menge ist, entgegen der Definition von M. Beide Annahmen sind also unhaltbar, d. h. die Menge M ist ein in sich widerspruchsvoller Begriff, obgleich sie nach der Mengendefinition CANTORS gebildet ist.

Die BURALI-FORTIsche Antinomie. Die Ordnungszahl der in Nr. 8 betrachteten wohlgeordneten Menge O, die alle möglichen Ordnungszahlen (ihrer Größe nach geordnet) als Elemente enthält, werde mit Ω bezeichnet. Nach dem dort angegebenen Bildungsgesetz der Ordnungszahlen ist Ω gleichzeitig auch die Ordnungszahl der wohlgeordneten Menge all der (der Größe nach geordneten) Ordnungszahlen, die kleiner sind als Ω; diese Menge, die somit zu O ähnlich ist, erweist sich unschwer als mit O identisch. Da O *sämtliche* Ordnungszahlen enthalten sollte, so wäre hiernach jede Ordnungszahl kleiner als Ω, d. h. Ω wäre keine Ordnungszahl, obgleich vorher Ω gerade als Ordnungszahl definiert worden war. Auch die Menge aller Ordnungszahlen ist also mit einem Widerspruch behaftet.

RICHARDS *Paradoxie*. Aus dem deutschen Alphabet einschließlich Ziffern, Interpunktionszeichen und Spatien denken wir uns alle möglichen Verbindungen von n Zeichen hergestellt. Welches immer die natürliche Zahl n sei, stets wird man nur endlich viele Verbindungen erhalten; unter ihnen werden zwar die meisten sinnlos sein, aber manche doch eine (außermathematische oder mathematische) Bedeutung haben, und unter letzteren möglicherweise einige sich als Definitionen von Dezimalbrüchen erweisen. Denkt man sich für alle Werte von $n = 1, 2, 3, \ldots$ in infinitum jeweils die endlich vielen so zugehörigen Dezimalbrüche angeschrieben (unter Ausmerzung etwaiger Wiederholungen), so erhält man insgesamt eine abzählbar unendliche Menge von Dezimalbrüchen, die *Menge aller ,,endlich definierbaren" Dezimalbrüche*.

Nach dem Diagonalverfahren, wie es im dritten Absatz von Nr. 5 angewandt wurde, läßt sich mittels dieser Menge sofort ein wohlbestimmter Dezimalbruch herstellen, der der Menge nicht angehört. Das muß also ein *nicht* endlich definierbarer Dezimalbruch sein. Soeben aber wurde dieser Dezimalbruch gekennzeichnet in einer Art, die eine nicht nur endliche, sondern sogar recht kurze vollständige Definition dieses Dezimalbruches gestattet! (Vgl. hierzu Vorl. 7/8, Nr. 6.) Wenn man sich übrigens auf den wohl unvermeidlichen Standpunkt stellt, daß jeder überhaupt definierbare Begriff ,,endlich definierbar" ist, und überdies bedenkt, daß besondere Eigenschaften der Dezimalbrüche als solcher in dem Gedankengang des vorigen Absatzes nicht zur Verwendung kommen, so zeigt dieser sogar, daß die Gesamtheit aller definierbaren Begriffe abzählbar ist.

Der nämliche Grundgedanke läßt noch viel einfachere Verwendung zu. Wir betrachten alle (endlich vielen) möglichen Lautverbindungen aus dem deutschen Alphabet bis zur Maximalgröße von 30 Silben. Unter denjenigen dieser Verbindungen, die überhaupt in der deutschen Sprache einen eindeutigen Sinn haben, gibt es solche, die eine natürliche Zahl definieren (z. B.: „die kleinste zweiziffrige Zahl, die keinen ungeraden Primfaktor besitzt" [d. i. 16] oder „die größte Primzahl der Form 2^{2^n} mit höchstens dreiziffrigem Exponenten n" [unbekannt, aber eindeutig bestimmt] usw.). Da die endlich vielen Verbindungen um so mehr nur endlich viele natürliche Zahlen definieren, so gibt es weitere, auf diese Art nicht definierbare natürliche Zahlen und unter diesen eine wohlbestimmte kleinste. Das ist also *die kleinste natürliche Zahl, die nicht mit dreißig oder weniger Silben in deutscher Sprache definierbar ist.* Die letzten kursivgedruckten Worte stellen aber eine eindeutige Definition eben dieser Zahl mit gerade dreißig Silben dar!

11. **Die Wirkung der Antinomien.** Auf die verschiedenartigen Versuche von philosophischer und mathematischer Seite, diese und ähnliche Widersprüche entweder *aufzulösen* oder wenigstens systematisch zu *vermeiden*, ist hier nicht der Ort einzugehen; vgl. auch Vorl. 3/4, Nr. 2, und Vorl. 7/8, Nr. 5. Für die reiche Literatur hierzu sei etwa auf die Angaben bei Fraenkel 4 (namentlich S. 152) verwiesen.[12]) Daß eine befriedigende Auflösung oder auch nur eine einheitliche Auffassung hierzu erzielt worden sei, wird man gewiß nicht behaupten können.

Wenn so mittels der Grundbegriffe eines Teilgebietes der

---

12) An neuestens hinzugekommener Literatur seien Brodén, Finsler, Horák, Langer 1, Mirimanoff 2, Richard, Weyl 2, Dieck 1 und Petzoldt erwähnt; die beiden letzten Aufsätze dürften allerdings in einigen wesentlichen Punkten auf Mißverständnissen beruhen. Man vgl. auch Vorl. 3/4, Nr. 8, Fußnote 6 (S. 40).

Mathematik, dieser um ihrer Sicherheit willen sprichwörtlich gewordenen Wissenschaft, auf anscheinend einwandfreiem Weg Widersprüche herzuleiten sind, so wird man die zu Beginn unseres Jahrhunderts entstandene Beunruhigung begreifen, die in der Erschütterung der Mengenlehre mit Recht die Vorbereitung eines Angriffs gegen die Grundfesten der Mathematik überhaupt erblickte. Besonders niederdrückend war dabei der Umstand, daß in Paradoxien wie der RUSSELLschen nicht etwa tieferliegende Begriffe oder Sätze der Mengenlehre auftreten, sondern ausschließlich der Mengenbegriff CANTORS, der den Ausgangspunkt der ganzen Mengenlehre bildet; wenn es also nicht gelang diese Begriffsbildung durch eine weniger anstößige Definition zu ersetzen — und das gelang *nicht* —, so waren nicht einmal *Teile* der jungen Disziplin zu retten, sie mußte anscheinend trotz all ihrer Erfolge auf dem Altar der Widerspruchsfreiheit der Mathematik geopfert werden.

Freilich hätte den Mengentheoretikern der Ausweg offengestanden, etwa zu sagen: die Widersprüche sind nicht wesentlich mengentheoretischer, sondern allgemein logischer Natur[13]), und den Anspruch, widerspruchsfreier als die Logik zu sein, erhebt die Mengenlehre nicht, die wie jede Wissenschaft mit logischen Methoden arbeitet. In der Tat erkennt man eine Verwandtschaft etwa der RUSSELLschen Paradoxie mit gewissen KANTischen Antinomien, ja sogar mit dem „lügenden Kreter" der Sophisten oder mit dem Dorfbarbier als „dem Mann im Dorf, der all die Männer im Dorf rasiert, die sich nicht selbst rasieren" und der

---

13) Andererseits können zur gedanklichen Analyse der Antinomien auch verwandte Bildungen rein mathematischer, und zwar nicht mengentheoretischer Natur nützlich sein wie z. B. die folgende: x sei der größte gemeinsame Teiler der *ganzzahligen* unter den Zahlen 6, $\frac{x}{2}$, 8. Für ganzzahlige $\frac{x}{2}$ ist diese Definition offenbar nicht zu realisieren; läßt man aber demgemäß $\frac{x}{2}$ fort, so ergibt sich $x = 2$, womit $\frac{x}{2}$ wiederum ganzzahlig wäre. Natürlich wird kein Mensch eine derartige Definition als von vornherein zulässig ansehen; vgl. nächste Vorlesung, Nr. 2.

hiermit dazu verdammt ist, sich weder rasieren noch nicht rasieren zu dürfen. Als Paradigma der logischen Form dieser Antinomie gibt RUSSELL die Eigenschaft „imprädikabel", die, von einem Begriff *a* ausgesagt, bedeuten soll, daß „*a* ist *a*" eine falsche Behauptung ist; kontradiktorisches Gegenteil: „prädikabel". („Konkret" ist also imprädikabel, „abstrakt" prädikabel.) Wie man (analog der ersten oben angeführten Antinomie) unmittelbar erkennt, kann dann der Begriff „imprädikabel" weder prädikabel noch imprädikabel sein.

Diese Abschiebung der Schuld auf die böse, doch unvermeidliche Logik war und ist aber deshalb nicht angängig, weil die Mathematik in der Tat stolz genug ist zu verlangen, daß ihre Definitionen und Axiome sowie die in den Beweisen verwendeten logischen Methoden auch vor etwaigen Widersprüchen der allgemeinen Logik geschützt seien, selbst auf Kosten einer Verengerung ihres Gebietes.[14] Die Wirkung der Antinomien war daher von derart niederschmetternder Wirkung, daß selbst hervorragende Forscher, die in ihren Ideen CANTOR so verwandt waren wie DEDEKIND und FREGE, tatsächlich das Feld räumten.[15] Der fast beispiellose Aufstieg der Wissenschaft vom Unendlichen scheint so durch einen jähen und unbegreiflichen Absturz beendet, die Mengenlehre CANTORS, diese „ursprüngliche Schöpfung genialer Intuition und spezifisch mathematischen Denkens", zur Abdankung gezwungen.

---

[14] Vgl. dagegen VAIHINGERS Fiktionslehre, wie sie im Hinblick auf die Beziehungen zur Mathematik etwa in Dieck 2 zum Ausdruck kommt, einem vom mathematischen Standpunkt aus allerdings in wesentlichen Beziehungen zu beanstandenden Buche.

[15] CANTOR selbst, der um jene Zeit längst aufgehört hatte zu publizieren, gab allerdings die Zuversicht auf den Endsieg seiner Ideen nicht auf.

Dritte und vierte Vorlesung.[1])
Die nicht-prädikativen Begriffsbildungen.
Der Intuitionismus.

Meine Damen und Herren! Wir könnten nunmehr zum eigentlichen Zweck dieser Vorlesungen übergehen: nämlich zu zeigen, wie sich den letzterwähnten Gefahren zum Trotz die Mengenlehre begründen und aufbauen läßt auf eine Art, die zwar nicht so glanzvoll und himmelstürmend ist wie CANTORS Architektonik, die aber doch alle wesentlichen Teile des CANTORschen Gebäudes ermöglicht und sie mit einem Schutzwall umgibt, der sie vor den Antinomien behütet.

Um aber die außerordentliche und keineswegs auf die Mengenlehre beschränkte Bedeutung dieser konservativen Methode, die uns von der fünften Vorlesung an beschäftigen wird, ins rechte Licht zu setzen, soll vorher in kurzen Strichen gezeigt werden, wie im — teils innerlichen teils nur zeitlichen — Anschluß an die Antinomien sich noch viel weitergehende Angriffe erhoben, die sich nicht mehr bloß gegen die Mengenlehre, sondern gegen die ausgedehntesten Teile der Analysis richteten und selbst den reinsten und bestbehüteten Zweig der Mathematik, die Arithmetik, nicht ganz verschonen. Auch gegen diese weitergehende und ernstere Erschütterung soll die dann zu schildernde konservative Methode nach Möglichkeit Schutz gewähren.

Der Einwand der nicht-prädikativen Begriffsbildungen.

1. **Eine Hilfsbetrachtung.**[2]) Um die Darstellung nicht bald unterbrechen zu müssen, werde zunächst der Gedankengang einer *Ableitung des Fundamentalsatzes der Algebra* kurz skizziert; einer Ableitung, die unter den vielen Beweisen dieses Satzes einen ausgezeichneten Platz einnimmt nicht

---

1) Der Inhalt dieser beiden Vorlesungen (besonders von Nr. 6 ab) ist für das Verständnis der späteren Vorlesungen nicht unbedingt erforderlich.

2) Gedankengänge von schwierigerer oder spezieller Art sind im folgenden öfters in kleinerem Druck gehalten; sie können von dem weniger Geübten bei der erstmaligen Lektüre überschlagen werden.

Einleitung. Eine Hilfsbetrachtung

wegen der Reinheit der Methode, wohl aber wegen der Einfachheit und Natürlichkeit des (wesentlich von CAUCHY stammenden) Gedankenganges. Um den Fundamentalsatz zu beweisen, nach dem eine beliebige ganze rationale Funktion von x mit reellen oder komplexen Koeffizienten

$$f(x) = a_0 x^n + a_1 x^{n-1} + \cdots + a_{n-1} x + a_n$$

stets mindestens eine (reelle oder komplexe) Nullstelle $x = x_0$ besitzt, wird zunächst ein Hilfssatz abgeleitet, wonach zu irgendeinem Wert $x = x'$, für den $f(x') \neq 0$, sich stets in der Nachbarschaft von x' ein weiterer Wert x'' so bestimmen läßt, daß $|f(x'')|$ kleiner ist als $|f(x')|$. Weiter wird $f(x)$ in einem hinlänglich großen Kreis der komplexen x-Ebene betrachtet und [z. B. aus der Stetigkeit von $f(x)$] gefolgert, daß $|f(x)|$ an irgendeiner Stelle innerhalb dieses Kreises einen *kleinsten Wert* (Minimum) annimmt, m. a. W. daß es unter allen Werten von $|f(x)|$ in jenem Kreis einen kleinsten gibt. Schließlich muß dieser kleinste Wert die Null sein; denn sonst gäbe es nach dem Hilfssatz in der Nachbarschaft der betreffenden Stelle (also immer noch im fraglichen Kreis) eine Stelle, an der $|f(x)|$ noch kleiner wäre.

2. Die nicht-prädikativen Verfahren. J. RICHARD und HENRI POINCARÉ sowie — namentlich unter des letzteren Einfluß — B. RUSSELL erblickten den Quell des Bösen, aus dem die Antinomien hervorgingen, in den sogenannten **nicht-prädikativen Verfahren** (Poincaré 4, S. 161 ff.; Russell 1). Man versteht hierunter nach RUSSELL die (alsbald an Beispielen zu veranschaulichende) Methode, einen Begriff, der einer gewissen Gesamtheit als Glied (Individuum) angehört, in der Weise zu kennzeichnen, daß in die Definition eben jene Gesamtheit eingeht.[3] Z. B. wird in RICHARDS Paradoxie ein bestimmter, sich als endlich definierbar erweisender Dezimalbruch mittels der Gesamtheit *aller* endlich definierbaren Dezimalbrüche gebildet, nämlich aus dieser Gesamtheit mittels des Diagonalverfahrens hergeleitet. Man kann sich Definitionen solcher und etwas allgemeinerer Art veranschaulichen durch das Schema der Beziehung

$$M = \{\, a, b, c, \ldots x, y, z, \ldots \,\},$$

---

[3] Allgemeiner heißt nach RUSSELL ein Verfahren der Definition zweier Begriffe dann nicht-prädikativ, wenn in die Definition eines jeden unter ihnen der andere Begriff eingeht.

in der $a, b, c, \ldots$ *feste* Objekte (z. B. Mengen) darstellen, dagegen $x, y, z, \ldots$ in bestimmter Weise von der Menge M abhängen. RUSSELL hat mit einer gewissen Systematik Antinomien der in der vorigen Vorlesung beschriebenen Arten entwickelt, nicht etwa um durch deren Häufung das Gewicht der schon durch einen einzigen Widerspruch ausgelösten Bedenken zu verstärken, sondern im Gegenteil um das Unheimliche der einzelnen Antinomie fortzunehmen und in der Massenerscheinung ihr Charakteristikum kenntlicher und greifbarer zu machen. In der Tat weist er bei ihnen allen ein nicht-prädikatives Verfahren auf, in dem er den wesentlichen Grund der auftretenden Widersprüche sieht (vgl. auch Horák), und zieht daraus den Schluß, der Mathematiker müsse sich zur Regel machen: *keine Gesamtheit kann Glieder enthalten, die nur mittels jener Gesamtheit definierbar sind* und somit ihrerseits von jener Gesamtheit abhängen. Die nur so definierbaren Begriffe können natürlich existieren, aber eben nicht als Glieder jener Gesamtheit. Bei Befolgung dieser Regel, die er zu einem Grundprinzip seines großen logisch-mathematischen Systems (vgl. Nr. 10) macht, können in der Tat Widersprüche wie z. B. der RICHARDsche nicht auftreten; die fragliche Menge von Dezimalbrüchen ist dann nämlich die Menge M all der Dezimalbrüche, die mit endlich vielen Worten definiert werden können, *ohne daß bei dieser Definition der Begriff der Menge M selbst benutzt wird*. Die Verwendung des Diagonalverfahrens im oben angegebenen Sinn würde also zu einem nicht in M vorkommenden Dezimalbruch führen, somit keinen Widerspruch ergeben (vgl. auch Vorl. 7/8, Nr. 6).

Für die angeführte Regel, so selbstverständlich sie — als Verbot eines circulus vitiosus — vielleicht auch zunächst erscheinen mag, gilt freilich: leichter gesagt als getan. Beim Aufbau des Gesamtsystems der Mathematik zeigt sich die Notwendigkeit gerade jener verpönten Begriffsbildungen an so vielen wesentlichen Stellen, daß RUSSELL, um weder die Mathematik noch seine Verbotsregel zu opfern, einen geradezu verzweifelten Ausweg wählen mußte, der denn auch die wesentliche Schwäche seines sonst bewunderswerten logisch-mathematischen Gebäudes bildet: er stellt ein Axiom auf, das — roh gesprochen — etwa hinausläuft auf die Annahme, die in der legitimen Mathematik notwendigen Begriffe oder ihnen, wenn nicht dem Sinne, so doch dem Umfang nach gleichwertige ließen sich schließlich immer auch ohne Benutzung nicht-prädikativer Prozesse herstellen (Reduzibilitätsaxiom). Für die Annahme dieses Axioms lassen sich leider keine sehr triftigen Gründe geltend machen, ausgenommen den, daß es zum Aufbau der Mathematik unentbehrlich scheint.

3. Beispiele hierzu. Zur hellen Beleuchtung des Sachverhalts werde an eine interessante Diskussion zwischen ZERMELO (Zermelo 4) und POINCARÉ (Poincaré 2 und 3) erinnert. In einer Reihe wichtiger und gedankentiefer Beweise der Mengenlehre, wie sie besonders von DEDEKIND und ZERMELO herrühren, z. B. auch im Beweis des Wohlordnungssatzes, stehen Schlüsse folgender Art im Mittelpunkt: Es wird eine Menge M betrachtet, deren Elemente lauter Mengen von einer für sie allein charakteristischen Eigenschaft $\mathfrak{E}$ sind; M ist also die Menge aller Mengen von der Eigenschaft $\mathfrak{E}$. In den betreffenden Fällen wird dann gezeigt, daß die Summe s bzw. der Durchschnitt d aller Elemente von M wiederum die Eigenschaft $\mathfrak{E}$ besitzt; daher gehört s bzw. d, kraft der Definition als *Summe* bzw. *Durchschnitt* existierend, gleichfalls der Menge M an und kann als *umfassendste* bzw. *umfangsengste* Menge von der Eigenschaft $\mathfrak{E}$ charakterisiert werden. Auf Grund eben dieser Charakterisierung spielt dann s bzw. d im betreffenden Beweis eine entscheidende Rolle. (Triviales Beispiel: M sei die Menge der Innengebiete aller der Kreise, die das Innengebiet eines gegebenen festen Kreises umschließen; d ist das Innengebiet — d. h. die Menge aller inneren Punkte — des festen Kreises.) Gegen Schlüsse dieser Art und gegen die Benutzung der so definierten umfassendsten oder engsten Menge von der fraglichen Eigenschaft wendet POINCARÉ ein, daß diese Mengen wiederum nicht-prädikativ definiert sind, nämlich vermittels der Menge M (d. h. der Gesamtheit aller Mengen der Eigenschaft $\mathfrak{E}$), von der sie selbst spezielle Elemente sind.

Dem Verbot derartiger Schlüsse und der dadurch bewirkten Amputation wichtigster und anwendungsfähigster Glieder der Mengenlehre begegnet ZERMELO mit einem argumentum ad hominem: Dem in Nr. 1 angeführten Beweis des Fundamentalsatzes der Algebra, der seit einem Jahrhundert als bindend anerkannt wird, stehe das nämliche Verbot entgegen, da in ihm der *Minimalwert* von $|f(x)|$ eine Rolle spielt, also ein bestimmter unter allen möglichen Werten von $|f(x)|$, der seine Definition erst durch die Gesamtheit aller dieser Werte gewinnt (nämlich als kleinster unter ihnen). Ein Verbot, das derart die klassischen Beweise der Mathematik antaste, könne nicht ernst genommen werden. Nun will allerdings POINCARÉ selbst auf Beweise wie den angeführten nicht verzichten. Er weist nämlich das nicht-prädikative Moment darin als entbehrlich nach: statt des kleinsten unter allen möglichen Werten von $|f(x)|$ (für ganz beliebiges x) brauche man nur die ,,untere Grenze" aller für *rationales x* sich ergebenden Sonderwerte von $|f(x)|$ zu betrachten, was in der Tat auf dasselbe hinausläuft; diese untere Grenze *könne* zwar unter Umständen selbst ein derartiger Sonderwert von $|f(x)|$ sein, *brauche* es aber nicht zu sein; daher könne auch in dem letzteren schlimmsten Fall nicht von einer nicht-prädikativen Definition die Rede sein, da dann jene untere Grenze zwar Element der Menge *aller* $|f(x)|$ mit rationalem x sei, aber *nicht kraft ihrer Definition, sondern kraft eines Beweises, der ihrer Definition und Existenzsicherung erst nachfolge.* Nach dieser Selbsteinschränkung des POINCARÉschen Verbotes kann nun freilich ZERMELO darauf hinweisen, daß in seinen von POINCARÉ getadelten Beweisen der nämliche Sachverhalt vorliege; die Summe s oder der Durchschnitt d werden in der Tat zunächst allein in dieser Eigenschaft definiert und als existierend erkannt, und danach — also nachdem sowohl die Menge M wie auch die Summe oder der Durchschnitt ihrer Elemente einwandfrei definiert sind — folgt erst der Beweis, daß in dem gerade betrachteten Fall s oder d sozusagen ,,zufällig" (d. h. nicht kraft Definition) selbst der Menge M angehören und somit deren umfassendstes bzw. engstes Element darstellen. Das entspricht einfach dem in der Logik wohlbekannten Sachverhalt, wonach im allgemeinen sehr verschiedene Arten ein Objekt zu bestimmen möglich sind und diese verschiedenen Arten zwar nicht identische, wohl aber umfangsgleiche Begriffe liefern. Jedenfalls sind so die nicht-prädikativen Verfahren in weiter Ausdehnung mit POINCARÉS eigenen Argumenten gerechtfertigt. Ja noch mehr: klammert man sich an POINCARÉS Legitimierung des obigen Beweises, so kann man selbst an Antinomien wie z. B. der BURALI-FORTIschen (Vorl. 1/2, Nr. 10) das nicht-prädikative Moment ausschalten, das dort für den Widerspruch verantwortlich sein sollte. Man fasse nämlich die (nach der Größe der Ordnungszahlen geordnete) Menge aller Ordnungszahlen zunächst als eine nur schlechthin *geordnete* Menge O auf und beweise danach erst für ihren Ordnungstypus, daß er eine Ordnungs*zahl* (d. h. den Typus einer *wohlgeordneten* Menge) darstellt und somit ungereimterweise der Menge O als Element angehören müßte.

4. Nicht-prädikative Verfahren und überabzählbare Mengen (Kontinuum).

Welche Schlußfolgerung auch immer man aus der vorstehenden Auseinandersetzung ziehen möge, jedenfalls kommt *nicht allen* wesentlichen Verwendungsarten des nicht-prädikativen Verfahrens in Analysis und Mengenlehre die Rettungsplanke zugute, die POINCARÉ den unbeabsichtigten Opfern seiner Kritik zuwirft. Das ist bisher zu wenig beachtet worden und macht den Zustand ernster, als er in neuerer Zeit vielfach betrachtet worden ist. So muß, um ein Beispiel von überragender Bedeutung anzuführen, bei CANTORS Fassung des Begriffes „Teilmenge" zu den Elementen der Potenzmenge $\mathfrak{U}M$ einer Menge M (Vorl. 1/2, Nrn. 5 und 6), d. h. zu den Teilmengen von M, eine Gesamtheit von Elementen aus M auch dann gerechnet werden, wenn ihre Kennzeichnung nur möglich (oder bekannt) ist mittels einer Definition, in die die Potenzmenge $\mathfrak{U}M$ selbst eingeht — obgleich zu deren Elementen die zu definierende Gesamtheit ihrerseits gehört. Eine derartige Verwendung des Begriffes der Potenzmenge ist uns, wenn auch nur im Wege des indirekten Verfahrens, in der Tat schon in der ersten Vorlesung entgegengetreten, und zwar an der allerwichtigsten Stelle, als wir die Unterscheidbarkeit verschiedener Stufen des Unendlichgroßen erkannten: beim Beweise der Nichtabzählbarkeit des Kontinuums (Vorl. 1/2, Nr. 5), wo wir (ausdrücklich in der ersten Fassung des Beweises, in der zweiten allerdings erst mittels des letzten Schlusses) einen speziellen Dezimalbruch D zwischen 0 und 1 durch die Gesamtheit aller möglichen derartigen Dezimalbrüche definierten. Der aufmerksame Betrachter wird finden, daß diese Methode, das nichtprädikative Verfahren als entscheidendes Hilfsmittel heranzuziehen, zwar meist entbehrlich ist, solange man im Gebiet des Endlichen und des bloß Abzählbar-Unendlichen bleibt; daß sie aber immer oder doch in der Regel — und zwar meist wesentlicher als in dem soeben bezeichneten Fall — da auftritt, wo es gilt von einer unendlichen Kardinalzahl zu einer größeren überzugehen, wo also die Überwindung des vagen und bedeutungslosen „Unendlich schlechthin" durch die Rangordnung unterscheidbarer Stufen im Unendlichen erst wirksam wird. Die Potenzmenge, dieses entscheidend wirksame Werkzeug der Mengenlehre, und somit auch die klassische Theorie des Kontinuums (DEDEKIND, CANTOR) kann m. E. des nicht-prädikativen Momentes nicht entkleidet werden (vgl. Vorl. 7/8. Nr. 3).

Schon aus diesem Grund, ganz abgesehen von der Rücksicht auf den radikalen Intuitionismus (vgl. Nrn. 6 ff.), sollte man, wie mir scheint, unter den Gegnern der Mengenlehre einen wesentlichen Unterschied machen zwischen den Leugnern des aktualen Unendlichgroßen überhaupt und den Bekämpfern des Überabzählbar-Unendlichen (anders der im übrigen sehr instruktive Aufsatz von Bernstein). Die ersteren, die vornehmlich durch Bedenken allgemein philosophischer Art oder auch nur durch Mißverständnisse zu ihrem ablehnenden Standpunkt gebracht werden, bieten dem Mathematiker als solchem wenig Interesse. Den letzteren hingegen wird auch der überzeugte und enthusiastische Anhänger der CANTORschen (oder axiomatischen) Mengenlehre zugestehen müssen, daß ihre Bedenken zu einem größeren oder kleineren Teil aus rein mathematischen Erwägungen hervorgehen und einer — übrigens wohl noch nicht endgültig geglückten — Widerlegung mit feingeschmiedeten mathematischen Waffen bedürfen.

5. Nicht-prädikative Verfahren, Konstruktion und axiomatische Methode. Neben der Ehrenrettung, die ZERMELO a. a. O. für die Verwendung des nicht-prädikativen Verfahrens in vielen Fällen gibt, bedeutet vor allem die axiomatische Auffassung, wie sie uns von der fünften Vorlesung an beschäftigen wird, auch in dieser Beziehung eine wirksame Verteidigung der üblich und nützlich gewordenen Schlußweisen. Man kann sich die Legitimierung der nicht-prädikativen Definitionen durch die Axiomatik cum grano salis veranschaulichen an einem unauflösbar verwickelten Bindfadenknäuel, in dem kein offenes Ende zu entdecken ist, von welchem aus die Auflösung des Knäuels mit Erfolg in Angriff zu nehmen wäre. Das Knäuel konstruktiv zu entwirren und dann alle seine Teile von einem Ausgangspunkt aus fortlaufend zu verfolgen, mag also untunlich sein; dennoch ist unter Umständen eine Schilderung all seiner Bestandteile und damit eine hinreichende Beschreibung des Knäuels in der Weise möglich, daß alle Verknüpfungen der verschiedenen Teilchen in sämtlichen Knoten aufgezählt, d. h. daß eine vollständige Beschreibung aller gegenseitigen Beziehungen der einzelnen Bindfadenstückchen gegeben wird. Entsprechend können nicht-prädikativ definierte Begriffe zwar eben diesem Charakter gemäß nicht konstruktiv hergestellt, aber in ihren Beziehungen zu allen anderen vorkommenden Begriffen vollständig beschrieben und so von anderen unterschieden werden. Man kann (vom nicht-intuitionistischen Standpunkt aus) sehr wohl Begriffe anerkennen, die in dieser Weise festgelegt sind, braucht also keineswegs die nicht-prädikativen Definitionen in Bausch und Bogen zu verwerfen; ja man *darf* dies allem Anschein nach gar nicht tun, will man sich nicht viele der fruchtbarsten und schönsten Gebiete der Mathematik von vornherein versperren, nämlich all die vom Kontinuum und überhaupt von den überabzählbar unendlichen Mengen abhängigen (vgl. auch Vorl. 7/8, Nr. 3).

Jedenfalls ist aber hiermit den Argumenten POINCARÉs eine bestimmte bleibende Bedeutung zuerkannt, auch wenn man, über seinen Standpunkt hinwegschreitend, die nicht-prädikativen Begriffsbildungen (etwa im axiomatischen Sinn) zuläßt und die allgemeine Mengenlehre einschließlich des Überabzählbaren und der Potenzmenge als rechtmäßig ansieht: *der Vorzug der Konstruierbarkeit bleibt den nicht-prädikativen Verfahren und den von ihnen abhängigen Teilen der Analysis und Mengenlehre versagt.* Auch innerhalb der Analysis, besonders in der Theorie der reellen Zahlen und Funktionen, sind nämlich solche Verfahren von Bedeutung, da auch hier das Hinausgehen über das Abzählbar-Unendliche vielfach erforderlich ist (im Gegensatz etwa zur Theorie der analytischen Funktionen im Komplexen). Andererseits ist keineswegs mit jedem Fall, wo eine Konstruktion unmöglich ist, ein nicht-prädikatives Verfahren verknüpft, und *man kann daher diese Verfahren sehr wohl ablehnen, ohne deshalb konsequenter Intuitionist sein und demgemäß alle reinen Existenzsätze verwerfen zu müssen* (Nr. 7). So hat gerade POINCARÉ die typischeste aller Existentialaussagen, nämlich die Behauptung des Auswahlaxioms (vgl. Vorl. 5/6, Nr. 7), bejaht und sogar als synthetisches Urteil a priori angesprochen.

Inmitten des Radikalismus der modernen Intuitionisten einerseits, der Erfolge der Axiomatiker andererseits sind die mit dem Nicht-Prädikativen verknüpften Fragen in den Hintergrund gedrängt und vielfach vergessen worden. Daß sachlich hierzu keine Berechtigung vorliegt, vielmehr hier noch manche Nuß zu knacken ist, dies zu lehren werden hoffentlich unsere letzten Überlegungen in Verbindung mit manchem Nachfolgenden (vgl. besonders Vorl. 7/8, Nrn. 3 und 6) hinreichen. Namentlich ist auch kein allgemeines Kriterium bekannt, das die (axiomatisch oder sonstwie) zu rechtfertigenden Anwendungen des nichtprädikativen Verfahrens von den schlechterdings unzulässigen (Antinomien!) zu unterscheiden gestattete.

Der Intuitionismus.

6. Einleitung. Die Ablehnung des nicht-prädikativen Verfahrens läßt sich auffassen als eine spezielle (und in praxi zurücktretende) Konsequenz einer viel allgemeineren und in ihrer Tragweite radikaleren Grundauffassung: des Intuitionismus.

In diesem lassen sich zwei Phasen unterscheiden. Die *erste* stellt eine Reaktionserscheinung auf gewisse neuartige Begriffs- und Methodenschöpfungen der Mathematik des 19. Jahrhunderts dar; freilich haben verwandte Tendenzen auch in früheren Epochen der mathematischen Forschung nicht gefehlt (vgl. etwa Boutroux, besonders IV. Kapitel). Der erste eigentliche, übrigens ohne wesentliche unmittelbare Nachwirkung gebliebene Intuitionist war KRONECKER, der im letzten Viertel des vorigen Jahrhunderts den Kampf aufnahm gegen die allgemeine Begründung der Analysis durch WEIERSTRASS, der Mengenlehre durch CANTOR; zu Beginn dieses Jahrhunderts wurden ähnliche Gedankengänge in einer weniger radikalen Form namentlich durch französische Gelehrte aufgenommen, z. B. durch BOREL und LEBESGUE sowie vor allem durch POINCARÉ, welch letzterer sich gleichfalls in seinen letzten Lebensjahren einer merklich gemäßigteren Auffassung zuwandte. In dieser bis zur Gegenwart reichenden Phase sind die Gedankengänge des Intuitionismus an ganz verschiedenen Punkten weitgehend unabhängig voneinander in bemerkenswerter Übereinstimmung aufgetaucht; sie scheinen sozusagen in der Luft zu liegen, wenn auch nur ein Witterungsvermögen ganz bestimmter Art sie dort entdeckt. Die *zweite,* viel radikalere Phase, die sich nicht nur auf die *Begründung* der Mathematik bezieht, sondern das ganze mathematische Lehrgebäude neu gestaltet, geht auf BROUWER zurück; WEYL, der ursprünglich andere Anschauungen vertrat, hat sich ihm angeschlossen. Nach einer (noch nicht veröffentlichten) Formulierung BROUWERS beruht dieser ,,Neo-Intuitionismus" auf den folgenden zwei Prinzipien: 1. *Prinzip der Unabhängigkeit der Mathematik von der mathematischen Sprache.* Folgen davon sind in erster Linie die Unabhängigkeit der Mathematik von der sprachlichen Erscheinung der sogenannten Logik; in zweiter Linie die Unerlaubtheit der Anwendung des Satzes vom ausgeschlossenen Dritten in der mathematischen Sprache, wenn diese ihre Aufgabe als Instrument zur Festhaltung und Übertragung mathematischer Gedanken einigermaßen zu erfüllen imstande sein soll. (Zu diesem Verbot des Satzes vom ausgeschlossenen Dritten vergleiche man die merkwürdige Parallele, die RUDOLF OTTO in seiner ,,West-östlichen Mystik" [Gotha 1926], S. 59f. und 374, herausarbeitet.) 2. *Prinzip der konstruktiven Mengendefinition als Ausgangspunkt für die Mathematik.* Dieser Ausgangspunkt schafft unmittelbar auch nichtabzählbare Mächtigkeiten und erlaubt den (im alten Intuitionismus unmöglichen) Aufbau einer vollständigen Mengenlehre und Analysis ohne Verwendung des Satzes vom ausgeschlossenen Dritten, also insbesondere auch ohne Verwendung des BOLZANO-WEIERSTRASSschen Satzes.

Es liegt nicht in meiner Absicht, hier einen allseitigen Überblick über die Ideen und die (vornehmlich von BROUWER stammenden) Arbeiten des Intuitionismus zu geben, der übrigens auch in philosophischen Kreisen Anhänger gefunden hat (vgl. Becker). Während die einschlägigen Originalarbeiten (zu denen auch die

Vorträge Weyl 1 und Brouwer 3 zu rechnen sind) sich vielfach durch ungewöhnliche Schwierigkeit auszeichnen, sind in jüngster Zeit mehrere auch für den Fernerstehenden bequem lesbare, allerdings nur in den Grundzügen orientierende und nicht ausnahmslos korrekte Darstellungen erschienen.[4]) Nur die wesentlichsten Grundideen sollen hier skizziert und auf einige wenige Wurzeln — vielleicht auf eine einzige Wurzel — zurückgeführt werden.

7. Die Grundthese: mathematische Existenz = Konstruierbarkeit. Die Grundanschauung, aus der sich alle die zum Teil so überraschend scheinenden Behauptungen der Intuitionisten mehr oder weniger konsequent ableiten lassen, betrifft einen schon in Nr. 5 in einem speziellen Sinn berührten Punkt: *die scharfe Unterscheidung zwischen Konstruktionen und reinen Existenzaussagen und die alleinige Anerkennung der ersteren unter Verwerfung der letzteren.* Es gibt in den verschiedensten Gebieten der modernen Mathematik, auch sogar innerhalb der Arithmetik, Beweise für die Existenz gewisser mathematischer Begriffe (Zahlen, Funktionen, Mengen usw.), die diese Existenz dartun nicht etwa durch schrittweise konstruktive Herstellung aus einfacheren Begriffen, sondern unter Verwendung eines *nicht* konstruktiv auflösbaren Schrittes; z. B. durch den Nachweis, daß die Nichtexistenz des fraglichen Begriffes mit bewiesenen Lehrsätzen oder anerkannten Prinzipien im Widerspruch steht, ohne daß dieser Widerspruch einen Weg zur Herstellung des Begriffs vermittelte. Ein solcher Beweis läßt natürlich, im Gegensatz zu konstruktiven Beweisen, keinen näheren Einblick in die Natur des fraglichen Begriffs zu; drückt die Existentialaussage z. B. nur aus, daß eine Konstante von bestimmter Bedeutung eine *endliche ganze Zahl* sei, so ist durch den Existentialbeweis keine Handhabe geboten,

---

[4]) Vgl. Baldus, Dresden, Fraenkel 4 und 8, Lévy, Wavre 1—3, Weyl 2 und 3 und die dort angeführte Literatur (zu der neuerdings noch weitere, größtenteils von BROUWER herrührende Originalaufsätze hinzukommen sind, unter denen Brouwer 2 und 4 hervorgehoben seien). Die bedeutsame Schrift Weyl 3, die sich auch durch leichtverständliche Darstellung auszeichnet, ist dem Verfasser erst während des Drucks zugänglich geworden.

die Größe dieser Zahl zu bestimmen. Beweise dieser Art wurden bisher nicht nur anerkannt, sondern um des großen Scharfsinns willen, den sie meistens erfordern, sogar besonders geschätzt und bewundert. (Ein klassisches Beispiel ist HILBERTS erster, ,,theologischer" Beweis für die Existenz des endlichen Invariantensystems; vgl. ferner Vorl. 5/6, Ende von Nr. 7.)

Die wichtigste Aussage dieser Art innerhalb der Mengenlehre ist der Wohlordnungssatz (Vorl. 1/2, Nr. 9). Er besagt, daß jede Menge durch entsprechende Anordnung ihrer Elemente in eine wohlgeordnete Menge verwandelt werden kann; *wie* dies aber zu machen, wie eine geeignete Anordnungsregel zu finden ist, darüber gibt weder der Satz noch auch (für den allgemeinen Fall) sein Beweis, auf dessen Eigenart wir noch zurückkommen (Vorl. 5/6, Nr. 8), irgendwelchen Aufschluß. Dies hat nur allzu unangenehme Folgen. Wenn nämlich z. B. das lineare Kontinuum (die Menge der reellen Zahlen) sich wohlordnen läßt, so sollte man erwarten, daß man hieraus die Ordnungszahl des so ,,wohlgeordneten Kontinuums" und aus dieser wiederum (vgl. Vorl. 1/2, Schluß von Nr. 8) die zugehörige Kardinalzahl, d. h. die Mächtigkeit des Kontinuums, innerhalb der Reihe der Alefs ermitteln könnte (Kontinuumproblem). Das ist indes (vgl. ebenda, Schluß von Nr. 9) bisher nicht gelungen. Am 4. Juni 1925, hat HILBERT in Münster allerdings eine Lösung dieses berühmten Problems vorgetragen[5]). Sie stellt aber einstweilen nur eine Skizze dar, und es dürfte noch mit großen Schwierigkeiten verbunden, ja vielleicht im Erfolg überhaupt unsicher sein, den vollständigen Beweis einiger dort wesentlich verwendeter, noch unbewiesener Hilfssätze zu erbringen; überdies handelt es sich dabei nicht sowohl um einen *Beweis* der CANTORschen Vermutung als vielmehr darum, daß diese als *möglich*, m. a. W. als mit den Prinzipien der Mengenlehre widerspruchsfrei verträglich dargetan wird. Die Sprödigkeit des Kontinuumproblems ist aber ausschließlich die Folge des rein existentialen und nicht-

---

5) Inzwischen im Druck erschienen: Hilbert 5.

konstruktiven Charakters des Wohlordnungssatzes (und damit auch des Vergleichbarkeitssatzes), der keinen Schluß auf die Ordnungszahl des wohlgeordneten Kontinuums gestattet. Es war ein Verkennen dieses Charakters, wenn man vielfach gefühlsmäßig aus jener mangelnden *Anwendungsfähigkeit* des Wohlordnungssatzes a posteriori auf seine *Unhaltbarkeit* und auf Mängel in seinem Beweise schließen wollte.

Derartige bloße Existentialaussagen werden ganz allgemein von den Intuitionisten als bedeutungslos erklärt und abgelehnt. Ihr Wert könne höchstens in dem Anreiz liegen, den sie für den wirklichen, d. h. konstruktiven Beweis der betreffenden Behauptung bieten. Bis zu dessen Gelingen stelle die Behauptung aber überhaupt kein echtes Urteil dar, sondern ein ,,Urteilsabstrakt", wertlos wie ein Papier, das das Vorhandensein eines Schatzes anzeigt, ohne dessen Ort zu verraten. ,,Die Mathematik ist mehr ein Tun, denn eine Lehre." Die *Existenz* bedeute also in der Mathematik ausschließlich *gedankliche Konstruierbarkeit*, und sie als *Widerspruchslosigkeit* zu deuten — was wohl als vorherrschende Anschauung bezeichnet werden kann (vgl. Vorl. 9/10, Nr. 8) — heiße die Mathematik in ein Spiel ausarten lassen; ein Begriff, der sich im mathematischen Begriffssystem als widerspruchsfrei erweise, müsse darum ebensowenig als existierend anerkannt werden, wie ein Angeklagter, dessen Verbrechen mit gerichtlichen Untersuchungsmitteln nicht nachweisbar ist, deshalb unschuldig zu sein braucht.

8. Die Ablehnung des ,,tertium non datur" und ihre nächsten Folgen (Entscheidbarkeitsproblem, Mengenbegriff). Die Durchführung dieser Anschauung bedeutet geradezu eine Revolutionierung der ,,klassischen" Mathematik des 19. Jahrhunderts und ihre Ersetzung durch eine neue, weit engere ,,intuitionistische" Mathematik. Hier werde nur auf die allgemeinsten der sich ergebenden Folgen hingewiesen. Da steht an erster Stelle die Verwerfung des *Satzes vom ausgeschlossenen Dritten* (tertium non datur), den die Mathematik aus der Logik übernommen und bisher bedenkenfrei angewandt hat. Ein Beispiel: wir denken uns die Kreiszahl

$\pi = 3{,}14159\ldots$ in einen unendlichen Dezimalbruch entwickelt und fragen, ob in der so entstehenden unendlichen Ziffernfolge irgendwo die Ziffer 7 mindestens siebenmal hintereinander auftritt. Ohne etwas Tatsächliches über die Antwort auf diese Frage zu wissen, sind wir doch geneigt zu sagen: *entweder ja oder nein*. Diese Antwort ist keineswegs so bedeutungslos, wie es auf den ersten Blick scheinen könnte; sie gestattet uns z. B., wenn es gelingt, die Antwort „nein" auszuschließen, daraus ein „ja" zu folgern; oder es könnte, extrem gesprochen, der Fall sein, daß sowohl aus dem „ja" wie aus dem „nein" durch logische Deduktion ein und derselbe mathematische Satz zu folgern wäre, so daß nach der obigen alternativen Antwort der Satz als bewiesen zu gelten hätte.

Der Intuitionist erklärt indes mit BROUWER die obige Antwort als ein unbegründetes Vorurteil und läßt somit auch Folgerungen der angegebenen Art nicht gelten. Er geht aus von seiner Anschauung „Existenz = Konstruierbarkeit" und deutet demnach die Antwort „ja" als Auffindung einer Folge von sieben Siebenern, etwa durch entsprechend weitgehendes Anschreiben der Dezimalbruchentwicklung von π. Das „nein" dagegen bedeutet offenbar: durch einen allgemeinen Beweis kann gezeigt werden, daß eine solche Folge unmöglich ist, m. a. W. daß ihr Auftreten mit den Eigenschaften von π im Widerspruch stände. Nun ist klar, daß *dieses* Ja mit dem Nein nicht in der Beziehung kontradiktorischen Gegensatzes steht, außerhalb dessen es ein Drittes nicht mehr gibt. Kann es doch sein, daß die Auffindung einer Folge von sieben Siebenern nicht geglückt ist, ohne daß indes ein Unmöglichkeitsbeweis dafür gelungen wäre (so verhält es sich in der Tat beim gegenwärtigen Stand der Wissenschaft); denn es ist ja nicht möglich, all die unendlich vielen Ziffern des Dezimalbruchs zu überschauen und so die Entscheidung zu erzwingen. Freilich drängt sich uns unwiderstehlich das Gefühl auf: auch im letztangeführten Fall der einstweiligen oder selbst dauernden Unentscheidbarkeit muß doch „an sich" entweder das Ja oder das Nein gelten, muß doch „für eine höhere Intelligenz" die Entscheidung klar liegen. Diese Überzeugung erklärt indes der Intuitionist — soweit sie für menschliche Wissenschaft Bedeutung haben soll — für ein Vorurteil, das seine Nahrung zieht aus dem Satz vom ausgeschlossenen Dritten in der traditionellen Logik. In dieser sei er auch berechtigt[6]), freilich nicht als apriorisches Prinzip, sondern als *Vorwegnahme* einer stets möglichen konstruktiven Entscheidung bei den dort vorkommenden endlichen Gesamtheiten. Denn wenn z. B. eine Gesamtheit von beliebig (aber endlich) vielen farbigen Kugeln gegeben ist, so ist es faktisch oder — wenn dies aus äußeren Gründen nicht angängig — mindestens gedanklich stets möglich, sie daraufhin zu überprüfen, ob sich unter ihnen eine weiße Kugel findet oder nicht; entweder das eine oder das andere ist also konstruktiv festzustellen, und nur als Vorwegnahme dieser prinzipiell gesicherten Möglichkeit sei auch schon *vor* der Konstruktion die Aussage möglich: es verhält sich entweder so oder so. An diese Disjunktion aber auch in der Mathematik zu glauben, bei deren unendlichen Gesamtheiten (z. B. den Ziffern eines nicht bis zu Ende übersehbaren Dezimalbruches) die Möglichkeit konstruktiver Entscheidung unsicher sei, bedeute einen Fehlschluß: „Man muß sich vor der Vorstellung hüten, daß, wenn eine unendliche Menge definiert ist, man nicht bloß die für ihre Elemente charakteristische Eigenschaft kenne, sondern diese Elemente selber sozusagen ausgebreitet vor sich liegen habe und man sie nur der Reihe nach durchzugehen brauche, wie ein Beamter auf dem Polizeibureau seine Register, um ausfindig zu machen, ob in der Menge ein Element von dieser oder jener Art existiert. Das ist einer unendlichen Menge gegenüber sinnlos." (Weyl 1, S. 41.) Die schrankenlose Verwendung der Begriffe „alle" und „es gibt" („all", „any"), dieser trotz harmlosem Äußern

---

6) Natürlich ist hier nur die Rede von in sich widerspruchslosen Subjekten, für die das Prädikat überhaupt einen Sinn hat; sonst braucht ja auch in der traditionellen Logik der Satz vom ausgeschlossenen Dritten nicht zu gelten, wie die Beispiele „die Zahl 2 ist entweder ewig oder nicht ewig" und „ein eckiger Kreis ist entweder rund oder nicht rund" (KANT) zeigen.

verderbengeschwängerten Werkzeuge der mathematischen und logischen Forschung, soll endgült g verboten werden. Unmittelbar mit dem Satz vom ausgeschlossenen Dritten fällt auch *der Glaube an die Lösbarkeit jedes mathematischen Problems*, sei es im positiven oder auch im negativen Sinn (nämlich dem eines Unmöglichkeitsbeweises, wie z. B. bei der Aufgabe der elementargeometrischen Dreiteilung des Winkels). Als besonderer Reiz und Antrieb pflegt dieser Glaube den forschenden Mathematiker anzufeuern und mit Vertrauen auf den schließlichen Erfolg zu erfüllen, während in so mancher anderen — vielleicht in *jeder* anderen — Wissenschaft das Gespenst des Ignorabimus einen Enderfolg gerade in den grundlegenden Fragen als unsicher erscheinen läßt. Die jahrhundertelangen Bemühungen, den Beweis des sog. letzten FERMATschen Theorems (S. 68) und so mancher anderen berühmten Vermutung zu erbringen, wären kaum bis heute fortgesetzt worden, hätte es einen Zweifel an der Lösbarkeit dieser Fragen gegeben. Die Überzeugung von der Lösbarkeit, die offenbar logisch nicht zu erhärten ist[7]), stützt sich außer auf

---

7) Entsprechendes gilt freilich auch für die etwaige *Unlösbarkeit*, die der Intuitionist in der Regel als etwas Provisorisches wird ansehen müssen, wenn er auch an die Stelle etwa gelöster Probleme jederzeit neue ungelöste setzen kann. Daß z. B. für die auf S. 43 behandelte Menge von Primzahlen die Entscheidung *unmöglich* sei, ob sie mehr als fünf Elemente enthält, wird man nie *beweisen* können; *wenn* sie mehr als fünf Elemente enthält, so ist das ja sicher in einem zwar nicht *beschränkten*, aber doch *endlichen* Verfahren nachweisbar, und ein vermeintlicher Beweis der Unlösbarkeit zeigte also vielmehr, daß sie nur fünf Elemente enthält. In anderen Fällen freilich braucht von vornherein kein Widersinn in der Vorstellung zu liegen, die Unlösbarkeit eines Problems könnte sogar *beweisbar* sein; man steht dann einer eventuell axiomatisch anzunehmenden oder auszuschließenden Tatsache gegenüber, nicht anders als etwa der Aussage des Euklidischen Parallelenaxioms (vgl. Lévy und Wavre 3). Z. B. könnte die Frage, ob die Zahl π^{π} algebraisch oder transzendent ist, solch ein Problem sein, mindestens solange kein *endliches* Verfahren bekannt ist, um für eine algebraische Zahl diesen ihren Charakter nachzuweisen. — Es bedarf wohl kaum der Hervorhebung, daß die letzten Überlegungen, die das tertium non datur so wesentlich verwenden, vom intuitionistischen Standpunkt aus sinnlos sind.

die wissenschaftliche Erfahrung wohl vornehmlich darauf, daß die Begriffe und damit auch die Probleme der Mathematik — im Gegensatz zu den anderen Wissenschaften — ausschließlich unserer eigenen Denk- und Anschauungssphäre entstammen; demgemäß werden, so erwarten wir, unsere Kräfte auch zur Bewältigung der von ihnen selbst gestellten Aufgaben hinreichen, wie sie überdies gewissermaßen ehrenhalber dazu verpflichtet zu sein scheinen. Ein Zweifel an dieser Überzeugung von der Lösbarkeit wird indes von den Intuitionisten grundsätzlich ausgesprochen, namentlich auch da, wo zwar Lösungen vorliegen, aber nur solche existentialer Natur, die nicht anerkannt werden.[8])

Mit dieser resignierten Anerkennung der Möglichkeit, daß ein gegebenes mathematisches Problem seiner Natur nach unlösbar sein mag, ist schon rein gefühlsmäßig ein ungeheurer Kontrast zu der Atmosphäre einer nahen Vergangenheit gegeben. So konnte zur Zeit der Jahrhundertwende auf dem internationalen Mathematikerkongreß der führende Forscher unserer Tage seinen Festvortrag über „Mathematische Probleme" mit dem stolzen Hinweis einleiten: jeder Mathematiker teile gewiß „die Überzeugung, daß ein jedes bestimmte mathematische Problem einer strengen Erledigung notwendig fähig sein müsse" und höre in sich „den steten Zuruf: Da ist das Problem, suche die Lösung; du kannst sie durch reines Denken finden!". Auch außerhalb des Kreises der Intuitionisten ist heute das *Selbstverständliche* dieser Überzeugung fühlbar erschüttert; so liegt es nicht nur methodisch in der Linie der letzten Fragestellungen HILBERTS, sondern fügt sich auch psychologisch nur allzugut in die heutige Situation im allgemein-mathematischen Bewußtsein und Unterbewußtsein ein, wenn neuerdings die exakte Bewältigung des Lösbarkeitsproblems in dem Sinn unternommen wird, daß wenigstens die widerspruchslose *Verträglichkeit* der Lösbarkeitsannahme mit den Prinzipien der Mathematik bewiesen (und aus dieser Verträglichkeit dann manche schwerwiegende Folgerung gezogen) werden soll (vgl. Hilbert 5).

---

[8] Vgl. auch Pasch 2, zweite Abhandlung, besonders Nrn. 2 und 8, sowie die dort angeführten älteren Schriften des gleichen Autors.

Dem Intuitionisten erscheint somit beispielsweise die besondere Schwierigkeit und Unangreifbarkeit des Vergleichbarkeitsproblems und des Kontinuumproblems als gar nicht verwunderlich, vielmehr als natürliche Folge der vermuteten Unlösbarkeit dieser Fragen; der Wohlordnungssatz, der bisher herangezogen wird, ist ja vom intuitionistischen Standpunkt aus inhaltsleer. Ein anderes Beispiel: Man kennt unter den Zahlen der Form $2^n + 1$ ($n = 1, 2, 3, \ldots$) fünf *Primzahlen*, nämlich die Zahlen

$$2^1 + 1, 2^2 + 1, 2^4 + 1, 2^8 + 1, 2^{16} + 1,$$

weiß aber nicht, ob es weitere Primzahlen dieser Form und, wenn ja, ob es vielleicht deren unendlich viele gibt; der Intuitionist kann daher von der Menge dieser Primzahlen nicht einmal behaupten, sie sei *entweder endlich oder unendlich*. Dagegen darf er ohne weiteres z. B. von der Zahl $2^{1024} + 1$ aussagen, sie sei entweder Primzahl oder nicht, und er darf dieses disjunktive Urteil beliebig als Beweisgrundlage verwenden; denn ob das eine oder das andere der Fall ist, läßt sich jedenfalls durch ein endliches Verfahren (z. B. durch Probieren) entscheiden, mag dies auch bei jener mit 309 Ziffern zu schreibenden Zahl die Dauer von Menschenleben beanspruchen; wie bei den vorhin erwähnten farbigen Kugeln darf jene Entscheidung daher von Anfang an vorweggenommen werden.

Innerhalb der Mengenlehre hat die intuitionistische Anschauung ganz besonders Folgen für *den Begriff und die Bildung von Mengen*. Die Verschiedenheit der Auffassungen darüber, was unter einer „definiten Menge" zu verstehen sei, kann man, wenn man auf feinere Unterscheidungen verzichtet, an drei sukzessiven Stufen aufweisen (vgl. Becker, S. 403ff.). CANTOR faßt den Mengenbegriff am weitesten, nämlich im Sinne *elementardefiniter* Gesamtheiten: eine Menge ist bestimmt, wenn von jedem beliebigen Objekt begrifflich feststeht, ob es Element der Menge ist oder nicht. Die Definition einer Menge in diesem Sinn kann geschehen durch Angabe eines Gesetzes, einer Formel, einer

Eigenschaft (z. B. derjenigen, eine transzendente Zahl oder ein
FERMATScher Exponent oder eine sich nicht enthaltende Menge
zu sein); ob dabei die Zugehörigkeit eines bestimmten Objekts
zur Menge gerade mit den derzeitigen Mitteln der Wissenschaft
festgestellt werden kann, ist gleichgültig (vgl. Vorl. 1/2, Nr. 1).
Jede Menge entspricht so auf engste, und zwar eindeutig, einer
Eigenschaft, die für die Elemente der Menge charakteristisch
ist; doch wird verschiedenen Eigenschaften unter Umständen die
„gleiche" Menge entsprechen, dann nämlich, wenn beide Eigenschaften „umfangsgleich" sind (d. h. den nämlichen Objekten zukommen). Die Erkenntnis, daß bei dieser weiten Begrenzung des
Mengenbegriffs Widersprüche, z. B. die durch nicht-prädikative
Prozesse verschuldeten, auftreten können, und daß solche (von
philosophischer Seite als „peritropisch" bezeichnete) Mengen
ausgeschaltet bleiben müssen, führte RUSSELL, WEYL und
andere zur Beschränkung des Mengenbegriffs auf *umfangsdefinite*
Gesamtheiten, für die also feststellbar sein muß, daß die Elemente
einen „an sich bestimmten und begrenzten, ideal geschlossenen
Inbegriff bilden" (WEYL), und daß es somit „außerhalb eines gewissen abgeschlossenen Kreises von Dingen", der konstruktiv zu
erfassen ist, keine Elemente der Menge mehr gibt. Das ist z. B.
bei der Menge aller Eigenschaften von natürlichen Zahlen nicht der
Fall. Den letzten Schritt tut schließlich BROUWER durch eine
fernere Einengung des Mengenbegriffs auf *entscheidungsdefinite* Gesamtheiten, für die (nach Becker) die Frage, ob es darin Elemente
von vorgegebener Eigenschaft gibt, stets und zwar auf konstruktivem Weg entscheidbar ist, namentlich also ohne Verwendung
des Satzes vom ausgeschlossenen Dritten. (Bei dieser Dreiteilung
findet der von der nächsten Vorlesung an behandelte axiomatische
Mengenbegriff keinen Platz; in gewissem Sinn gehört er zwischen
die erste und die zweite Stufe. Doch kann und muß die Axiomatik der intuitionistischen Kritik am allgemeinen Eigenschaftsbegriff Rechnung tragen; vgl. Vorl. 7/8, Nrn. 1—3.)

Dieser Dreiteilung entsprechen drei verschiedene Auffassungen
über die *Begriffsbestimmung des Kontinuums*, jener Menge, deren

Wesen nach jahrhundertelangen Bemühungen von theologischer[9]), philosophischer und mathematischer Seite durch CANTORS mengentheoretische Analyse endgültig geklärt schien. Übrigens bedeutete CANTORS Theorie des Kontinuums nur den — methodisch allerdings höchst bedeutungsvollen — Schlußpunkt unter eine Entwicklung, die sich de facto in der Analysis bereits durchgesetzt und in den Händen von Forschern wie CAUCHY, BOLZANO, WEIERSTRASS eine hohe begriffliche Blüte gezeitigt hatte; das Emporwachsen der Mengenlehre CANTORS „bedeutete nur, daß sich die Analysis ihrer schon längst geübten Methode in abstracto bewußt wurde" (Weyl 2, S. 10).

Für den CANTORSCHEN Standpunkt, wonach eine Menge nur elementardefiniten Charakter zu besitzen braucht, und auch noch für die Axiomatik ist das lineare Kontinuum einfach eine Menge von Elementen (den Punkten einer Strecke bzw. Geraden oder den reellen Zahlen), zwischen denen eine Ordnungsrelation (etwa „links von —" oder „kleiner als —") definiert ist und deren gegenseitiges Verhältnis in bezug auf die Ordnungsrelation derart beschrieben werden kann, daß hierdurch das Wesen des Kontinuums, also auch seine Mannigfaltigkeit an einzelnen Elementen, erschöpfend charakterisiert wird[10]). Da diese Menge aller

---

9) Man vergesse nicht, daß der Begriff des Unendlichen überhaupt zunächst auf gefühlsmäßigem, vorwiegend religiösem Weg sich der Menschheit aufdrängte und — mindestens in unserem Kulturkreis — erst in der Hand der Griechen zum Problem, und zwar alsbald zum *wissenschaftlichen* Problem wurde. Andererseits sind die heute vielfach unterschätzten, speziell auch das Problem des Unendlichen betreffenden Gedankengänge der scholastischen Philosophie und Theologie in mancher Hinsicht von der gleichzeitigen Feinheit und Kühnheit der Ideen der klassischen Mengenlehre, und es ist wohl kein bloßer Zufall, daß CANTOR — wie noch mehr BOLZANO — bei den Scholastikern in die Schule gegangen ist (vgl. Klein, S. 52 und 56, und Ternus, S. 218 ff. und 228, sowie die hier zitierten CANTOR-Erinnerungen GUTBERLETS). Im übrigen werde in historischer Beziehung etwa auf die VI. Vorlesung („Die Geschichte des Unendlichkeitsproblems") von Russell 3 verwiesen.

10) Die betreffenden Eigenschaften werden in der Theorie der geordneten Mengen bezeichnet als die einer „perfekten" (oder statt dessen einer

Punkte einer Strecke sicherlich nicht rein konstruktiv ohne nichtprädikative Prozesse zu erfassen ist[11]), beschränkt sich WEYL auf die Zulassung eines umfangsdefiniten Teiles jener Punkte; dieser ist — in erheblichem Maße willkürlich — bestimmt durch gewisse logisch-arithmetische Konstruktionsprinzipien, durch die man, ausgehend von den den rationalen Zahlen entsprechenden Punkten, zu einer wohlumgrenzten Gesamtheit weiterer Punkte gelangt. So wird das Kontinuum in isolierte, nicht mehr zusammenhängende Elemente zerschlagen, gewissermaßen aus dem fließen-

„stetigen") Menge, welche eine „in ihr dicht gelegene" abzählbare Teilmenge umfaßt; beide Eigenschaften zusammen bestimmen den *Ordnungstypus des linearen Kontinuums*.

11) Die Möglichkeit, die Gesamtheit der reellen Zahlen rein arithmetisch zu erhalten und somit das Kontinuum arithmetisch zu erzeugen, hat HÖLDER bemerkenswerterweise schon seit 1892 verneint, also zu einer Zeit, wo die Kritik daran noch keineswegs wie heute in der Luft lag (vgl. Hölder, S. 193f., 349ff., 357, 556). Konsequent (nämlich intuitionistisch) urteilt HÖLDER denn auch (S. 548), „daß man bei einem rein logischen Aufbau, der vom Begriff des Kontinuums keinen Gebrauch macht, entweder im Gebiet des Abzählbaren stecken bleibt oder in gewissermaßen uferlose Begriffe hinübergleitet, die nicht als ‚klar und deutlich' anerkannt werden können". Wenn freilich der nämliche Forscher nun dennoch das Kontinuum axiomatisch festlegt und als eine (etwa apriorische) Urform anerkennt, die, obgleich nicht vom Denken schrittweise erzeugt, doch Gegenstand des Denkens werden könne, so ist für ihn (wie für die meisten *Gegner* des Intuitionismus) hier offenbar die Erwägung maßgebend, daß unter uns Mathematikern „die wenigsten bereit sein werden, auf die Teilgebiete der Mathematik, die vom Kontinuum Gebrauch machen, zu verzichten". In dieser Stellung zum Kontinuum dürfte aber vielmehr ein Durchhauen des Knotens als seine Lösung liegen. Denn ein *philosophischer* Extrafreibrief für das Kontinuum als „reine Anschauung a priori" oder „Platonische Idee" erscheint wenig vertrauenswürdig nach den Erfahrungen, die auf diesem Gebiet z. B. mit dem Parallelenaxiom („Notwendigkeit" der Euklidischen Geometrie) gemacht worden sind. Vom rein *mathematischen* Standpunkt aus ist es aber noch durchaus unsicher, ob die mit dem Kontinuum verbundenen, beim gegenwärtigen Stand der Forschungen HILBERTS nicht gelösten Schwierigkeiten von geringerer Größenordnung sind als z. B. die mit dem Begriff der Potenzmenge (vgl. besonders Vorl. 7/8, Nr. 3) verknüpften, einem Begriff, der bereits unendlich viele transfinite Mächtigkeiten zu legitimieren gestattet.

den Brei des Kontinuums eine Vielheit einzelner molekularer Tropfen herausgenommen: es bildet sich die *atomistische Auffassung des Kontinuums*. Natürlich kann diese Betrachtungsweise nicht etwa — wie es wohl DEMOCRIT noch vorschweben mochte — sich schmeicheln, damit das anschaulich „gegebene" Kontinuum getreu widerzuspiegeln; sie macht vielmehr aus der Not eine Tugend und setzt, an der Möglichkeit einer adäquaten Wiedergabe des Kontinuums verzweifelnd, an dessen Stelle gewaltsam einen einwandfreien engeren Bereich, der für die Konstruktionen der Analysis und der Geometrie genügen soll. Schließlich erscheinen BROUWER jene Konstruktionsprinzipien noch als zu weit, die atomistische Auffassung als zu willkürlich. Er macht die offene Revolution und kennt, unbeschadet unendlich vieler einzelner, gesetzmäßig bestimmter, fertiger Punkte, das Kontinuum als Ganzes nur noch als *Medium freien Werdens*, in das zwar die einzelnen Punkte hineinfallen, das sich aber keineswegs in eine Menge fertiger Punkte auflöst; die Punkte im Kontinuum im allgemeinen *sind* nicht, sondern sie *werden* in der Begrenzung durch immer enger werdende Intervalle, die vermöge freier Wahlakte endlos ineinander geschachtelt werden und von denen freilich jedes seinerseits wiederum kontinuierlich ist.[12]) So findet zwar nicht in der Form, die die modernen Anforderungen der Strenge erfüllt und selbst noch übertrifft, aber doch wohl dem wesentlichen Inhalt nach eine Rückkehr zu längst überholt geglaubten Anschauungen GALILEIS und der Begründer der Infinitesimalrechnung statt, zu Anschauungen, die im Grund bis auf ARISTOTELES und vielleicht sogar ANAXAGORAS zurückgehen. Nicht mehr das Verhältnis von *Menge und unteilbarem Element* ist entscheidend für das Kontinuum, sondern das Verhältnis von *Ganzem und Teil*;

---

12) CANTORS Diagonalverfahren (Vorl. 1/2, Nr. 5) wird für diesen Standpunkt nicht bedeutungslos, wenn es auch in etwas anderem Lichte erscheint: das Kontinuum erweist sich danach als eine Menge, von der zwar immer nur eine abzählbar unendliche Teilmenge angebbar ist, für die sich aber zu jeder derartigen Teilmenge immer noch weitere Elemente bestimmen lassen, und zwar durch im voraus festlegbare Konstruktionen.

es wird geradezu zur Grundeigenschaft des Kontinuums, Teile zu haben, die sich unbegrenzt weiter teilen lassen. Im Einklang mit der Preisgabe des Satzes vom ausgeschlossenen Dritten bleibt so selbst für die Disjunktion, daß zwei Punkte entweder zusammenfallen oder getrennt liegen, kein Raum mehr; vielmehr trägt die Auffassung des *Werdens* einem endlosen Zusammenrücken von Punkten bis zur allmählichen Ununterscheidbarkeit Rechnung.[13])

9. **Die Konsequenzen für die übrige Mathematik.** Die Folgen, die all diese neuartigen Anschauungen für die Kritik der heutigen „klassischen" Mathematik haben, sind erschreckend weitgehend. Vor allem werden die meisten Begriffe, Methoden und Lehrsätze der allgemeinen Mengenlehre (namentlich fast alles über das Abzählbar-Unendliche Hinausreichende) und ein sehr großer Teil der modernen Analysis, besonders der Theorie der reellen Funktionen, ungültig und sogar sinnlos, die Mengenlehre zu einem „interessanten pathologischen Fall" in der Geschichte der Mathematik. Auch viele heute bereits als klassisch geltende Methoden von WEIERSTRASS, DEDEKIND und anderen in der Grundlegung der Analysis bleiben nicht verschont; zahlreiche von ihnen werden bedeutungslos, so z. B. die heute in jeder mathematischen Anfängervorlesung entwickelten Beweise für die Beschränktheit und gleichmäßige Stetigkeit einer in einem abgeschlossenen Intervall stetigen reellen Funktion. Der Unzulänglichkeit dieser Beweise steht im Intuitionismus (vgl. Brouwer 5) die — übrigens nicht etwa selbstverständliche, sondern ziemlich tief liegende — Tatsache gegenüber, daß *jede* in einem Kontinuum definierte Funktion stetig und zwar gleichmäßig stetig ist.[14])

Besonders bemerkenswert ist, daß auch die Gebiete der Arithmetik und der Algebra von der Verheerung durch die intuitio-

---

13) Vgl. hierzu auch Hjelmslev. namentlich den dritten Vortrag.

14) Ungeachtet dieser und anderer Auffassungen, die viele entscheidende Grundbegriffe der klassischen Mathematik von Grund auf verändern, ist es doch möglich, erhebliche Teile namentlich der komplexen Funktionentheorie vom intuitionistischen Standpunkt aus zu retten (nötigenfalls unter nicht allzu wesentlichen Modifikationen).

Weitere Konsequenzen. Fundamentalsatz der Algebra

nistische Revolution nicht verschont bleiben; hier ist es die Berührung mit den Irrationalzahlen, was in die sonst im wesentlichen finiten Prozesse dieser Gebiete den Unendlichkeitsbazillus hineinträgt und sie so in den Augen der Intuitionisten verseucht. Ein einziges bezeichnendes Beispiel hierfür werde gegeben.

Einer der bekanntesten und wichtigsten Sätze der Mathematik ist der „Fundamentalsatz der Algebra", nach dem jede algebraische Gleichung beliebigen Grades mindestens eine (reelle oder komplexe) Wurzel besitzt (vgl. Nr. 1). Dieser bereits im 18. Jahrhundert aufgestellte Satz hat seit seinen ersten (namentlich von GAUSS stammenden) Beweisen viele Dutzende weiterer Beweise gefunden, die auf sehr verschiedenartigen Methoden beruhen, zum Teil (so z. B. der zweite Beweis von GAUSS) sich im wesentlichen auf rein arithmetischer Grundlage aufbauen. Im Jahre 1924 sind nun völlig unabhängig voneinander von drei Intuitionisten dreier verschiedener Länder (SKOLEM, WEYL, BROUWER) Beweise des Fundamentalsatzes der Algebra erschienen auf Grund der Überzeugung, alle bisherigen Beweise seien unzureichend (vgl. namentlich de Loor). Für die mehr oder weniger analytischen Beweise und Beweisteile wurde diese kritische Meinung schon von älteren Intuitionisten wie KRONECKER und MERTENS vertreten; dabei spielt namentlich, entsprechend der Betonung des konstruktiven Moments, die Auffassung eine Rolle, wonach von einem Beweise des Satzes nur dann die Rede sein könne, wenn das Beweisverfahren die numerische Berechnung der Wurzeln einer gegebenen Zahlengleichung mit jeder gewünschten Genauigkeit ermögliche.[15]) Inwiefern demgemäß auch den *arithmetischen* Beweisen des Satzes ein entscheidender Mangel anhaften soll, mag durch ein kraß gewähltes Beispiel in Anlehnung an DE LOOR beleuchtet werden.

Zwecks Beseitigung sog. mehrfacher Gleichungswurzeln ist für den Beweis zunächst zu untersuchen, ob ein gewisser aus den Koeffizienten der Gleichung gebildeter Ausdruck, die „Diskriminante" der Gleichung, gleich Null oder von Null verschieden ist. Um einen Fall zu konstruieren, wo die Entscheidung zwischen beidem unmöglich ist, gehen wir wieder wie zu Beginn der Nr. 8 (S. 39) von der Dezimalbruchentwicklung der Kreiszahl π aus und verstehen unter k die Nummer derjenigen Stelle des Dezimalbruchs, an der zum erstenmal eine Folge von (mindestens) sieben hintereinander auftretenden Siebenern beginnt. Es ist unsicher, ob eine solche natürliche Zahl k überhaupt existiert, und wenn ja, welches ihr Wert ist; es liegt ein Problem vor, das der Intuitionist als „vielleicht unlösbar" bezeichnet. Wir definieren ferner eine Zahl ϱ als π, $\pi + 10^{-k}$ oder $\pi - 10^{-k}$,

---

[15]) Diese Auffassung läßt begreifen, in welchem Sinn man die intuitionistische Mathematik als eine Synthese zwischen „Präzisionsmathematik" und „Approximationsmathematik" ansprechen kann.

je nachdem k nicht existiert, ungerade oder gerade ist. Nun kann man die Koeffizienten einer Gleichung als derartige von π und ϱ rational abhängige Ausdrücke wählen, daß die Diskriminante der Gleichung den Faktor $\pi - \varrho$ enthält; z. B. hat die Gleichung $x^3 - 3\pi^2 x + 2\varrho^3 = 0$ die Diskriminante $D = -108(\pi^6 - \varrho^6)$. Es ist dann nicht feststellbar, ob die Diskriminante, deren Wert sich jedenfalls nur äußerst wenig von Null unterscheiden kann, gleich Null ist oder nicht, und es darf daher auch nicht etwa vermöge des Satzes vom ausgeschlossenen Dritten angenommen werden, daß entweder das eine oder das andere der Fall sei.

So bleibt nur der Ausweg, den Beweis zunächst für den Fall *rationaler* Koeffizienten zu führen, in dem so unglückliche Verhältnisse nicht auftreten können, und dann auf dem Weg von Annäherungen zu Gleichungen mit irrationalen Koeffizienten fortzuschreiten.

10. Die Rolle der Gesamtheit der natürlichen Zahlen. Das Verhältnis von Mathematik und Logik. Nach der vorstehenden Schilderung wird man es vielleicht als paradox empfinden, bei den Intuitionisten eine These zu finden wie diese: „Die Mathematik ist die Wissenschaft vom Unendlichen." Der Gegensatz ist jedoch nur ein scheinbarer. Den bisher erwähnten, vorwiegend negativen und zerstörenden Tendenzen des Intuitionismus steht nämlich ein positiver Grundgedanke gegenüber, der, wiewohl oft allzusehr dogmatisch eingeführt, gleichfalls wesentlich aus der Ausgangsforderung der Konstruierbarkeit herzuleiten ist: *Die Voranstellung der natürlichen Zahlen in ihrer Gesamtheit als einer der Begründung weder bedürftigen noch fähigen Urintuition*, auf der die gesamte Mathematik und übrigens auch die Logik sich aufbaue und die die entscheidende konstruktive Operation ermögliche, nämlich die Herleitung *jeder beliebigen* natürlichen Zahl auf induktivem (oder rekurrentem) Weg. Diese Urintuition hat BROUWER (vgl. Nr. 6) weiter entfaltet zur allgemeinen Mengenkonstruktion und so die intuitionistische Begründung der (diskreten und abzählbaren) Arithmetik auf die (kontinuierliche und überabzählbare) Analysis ausgedehnt. Von jener mit besonderem Nachdruck hervorgehobenen Intuition her haben sich die Intuitionisten diesen ihren (leicht irreführenden) Namen gewählt, während sie ihre Gegner als Pragmatisten (POINCARÉ) oder Formalisten (BROUWER) bezeichnen. Schon von dem ersten In-

Gesamtheit der natürlichen Zahlen. Vollständige Induktion 51

tuitionisten, KRONECKER, stammt das Wort: die ganzen Zahlen hat der liebe Gott gemacht, alles andere ist Menschenwerk. POINCARÉ, der als nächster wieder ähnliche Ideen stark hervorhebt, hat ausführlich den Gedanken erörtert, daß die Mathematik mit ihren analytischen Urteilen und den syllogistischen Schlüssen aus ihnen doch nur eine ungeheure Tautologie darzustellen und also trivial zu sein scheine; in Wirklichkeit trage sie dennoch in echtem Sinne schöpferischen Charakter, und zwar einzig und allein deshalb, weil sie in all ihren Teilen durch ein grundlegendes synthetisches Urteil a priori befruchtet werde: durch das Prinzip der vollständigen Induktion (vgl. Vorl. 9/10, Nr. 5), d. h. durch die Idee der Gesamtheit der natürlichen Zahlen (Poincaré 1, 1. Kapitel). Auch die Auffassung, wonach die vollständige Induktion etwa einen Bestandteil einer verkleideten *Definition* der natürlichen Zahlen (im Sinne der axiomatischen Methode, vgl. Vorl. 5/6, Nr. 1) und somit kein Urteil darstelle, wird von den Intuitionisten mit Recht nicht anerkannt. Jede Definition, die Wert haben soll, bedarf nämlich eines ergänzenden Satzes, der *die Existenz des definierten Begriffes* auszusagen hat; in diesem Falle aber bedürfe ein solcher Satz, auch nur im Sinne der Widerspruchsfreiheit des Zahlbegriffs verstanden, schon zu seiner eigenen Begründung gerade der vollständigen Induktion, da doch die Unmöglichkeit, mittels *beliebig vieler* logischer Schlüsse zu einem Widerspruch zu gelangen, nachzuweisen sei.

Die Bedeutung des Prinzips der vollständigen Induktion für die intuitionistische Auffassung wird verständlich, wenn man bedenkt, daß zunächst die Grundforderung der reinen Konstruktion mittels endlicher Prozesse überhaupt nur zu Urteilen finiten Charakters führen kann, d. h. zu solchen, deren Gesamtinhalt durch eine endliche Anzahl von Verifikationen unter bloßer Verwendung der natürlichen Zahlen nachzuweisen und so gleichzeitig zu erschöpfen ist. Alle von der vollständigen Induktion wesentlich abhängigen Aussagen der Mathematik sind nicht von dieser Art, sondern tragen einen wesentlich anderen Charakter; das gilt schon für die einfachsten Sätze wie z. B. „für jede natürliche

4*

Zahl gilt $n + 1 = 1 + n$" oder „zu jeder gegebenen Primzahl gibt es in angebbarem Abstand eine noch größere". Zwischen derartigen Aussagen, die die Intuitionisten eben auf Grund ihrer Bejahung der vollständigen Induktion noch anerkennen, und den eigentlich „transfiniten" (wie z. B. dem Wohlordnungssatz), die sie verwerfen, besteht nun ein entscheidender Unterschied: Jene sind der Verifikation mit endlichen Mitteln (z. B. „$9 + 1 = 1 + 9$" oder „auf 7 folgt die Primzahl 11") fähig; sie können allerdings — im Gegensatz zu den finiten Aussagen — erst durch *unendlich viele* endliche Verifikationen erschöpft werden, von denen aber jede einzelne grundsätzlich endlicher Natur ist, mag sich auch die Durchführung (weil z. B. generationenlange Rechenarbeit erfordernd) praktisch verbieten. In dieser Verifizierbarkeit der von ihnen anerkannten mathematischen Aussagen erblicken Intuitionisten vom Schlag POINCARÉS den eigentlichen Grund dafür, weshalb die Mathematiker im Gegensatz z. B. zu den Philosophen trotz der Unzulänglichkeiten der Sprache im allgemeinen nicht an einander vorbeireden; im Zweifelsfall wirkt die Verifikation aufklärend, und vor ihr beugt sich alles. Die transfiniten Aussagen der zweiten Art dagegen sind der endlichen Verifikation überhaupt nicht fähig und werden von den Intuitionisten deshalb als inhaltsleer abgelehnt; bei Aussagen dieser Art, wie z. B. dem Wohlordnungssatz, bleibe daher für Mißverständnisse so weiter Spielraum (vgl. Poincaré 5, z. B. S. 145f.).

Es ist bemerkenswert, daß an diese Auffassung die moderne axiomatisch-metamathematische Schule wieder anknüpft und deren Anhänger durch Erweiterung eben jenes Standpunktes aus ihrer Position zu drängen hofft: gerade auch für die transfiniten Teile der Mathematik nämlich sucht HILBERT (vgl. Hilbert 5) die Berechtigung zu erbringen mittels finiter Methoden, die sich gewissermaßen als eine Ausdehnung der in den verschiedensten Teilen der Mathematik bewährten „Einführung idealer Elemente" auffassen lassen (vgl. Vorl. 9/10, Nr. 9). Die intuitionistischen Bedenken gegen den Gebrauch des „tertium non datur" und der Begriffe „alle" und „es gibt" innerhalb der transfiniten

Mathematik werden von der Schule HILBERTS methodisch anerkannt und übernommen, ja sogar erweitert. Freilich führt das diese Forscher nicht wie BROUWER zu einem Verbot der allgemeinen mathematischen Verwendung der Gesetze der Aristotelischen Logik, worauf sie zwecks Wahrung des heutigen Besitzstandes der Mathematik nicht verzichten wollen; vielmehr versuchen sie gerade mittels feiner mathematischer Methoden jenen logischen Gesetzen ihre brüchig gewordene Geltung wiederherzustellen und zu legitimieren.

Bei Berücksichtigung der in den letzten Absätzen besprochenen positiven Seite der intuitionistischen Lehre findet man, daß unter den heutigen Mathematikern *drei verschiedene Ansichten über das gegenseitige Verhältnis der Logik und der Mathematik einander gegenüberstehen.*[16]) Nach BROUWER beruht die Mathematik auf der reinen Anschauung, insbesondere auf der Urintuition von der Gesamtheit der natürlichen Zahlen, und es gründet sich, wie sie ausdrücklich behaupten, weiterhin die Logik erst auf die Mathematik. Zum Verständnis dieser etwas zugespitzten These ist zu bemerken, daß die Mathematik nach BROUWERS Auffassung die Gesamtheit der *gedanklichen mathematischen Konstruktionen* und nicht etwa deren formelmäßigen oder sprachlichen Ausdruck darstellt; damit wird die Begründung der Mathematik auf die Logik untunlich, während die Logik mindestens teilweise der mathematischen Intuition bedarf. Gerade umgekehrt ist es nach den modernen Logistikern (RUSSELL, WHITEHEAD, COUTURAT, CHWISTEK usw., übrigens auch vorher schon DEDEKIND und FREGE[17]) sowie die Vertreter

---

16) Für die in diesem Zusammenhang wesentliche Frage, was unter der Mathematik überhaupt zu verstehen ist, vgl. etwa Voß, S. 14ff., Weyl 3, S. 50ff., und Burkamp, S. 240ff., sowie die zahlreichen dortigen Literaturangaben. (BURKAMPS Buch ist erst bei Abschluß des Druckes erschienen.)

17) FREGE, dessen hervorragende Leistungen nicht die verdiente Anerkennung gefunden haben, hat bereits wichtige Ergebnisse veröffentlicht, die viel später (unabhängig) von RUSSELL wiedergefunden und erst auf diesem Weg bekannt geworden sind.

der italienischen Schule), denen BROUWER geradezu vorwirft, sie befaßten sich mit der mathematischen *Sprache* statt mit der Mathematik; für sie ist die Mathematik, zum mindesten in ihren allgemein anerkannten Teilen[18]), aus der allgemeinen Logik, und zwar namentlich aus der sogenannten Logistik zu begründen, und es muß daher bei einem vollständigen Aufbau des mathematischen Gebäudes, wie er z. B. in Whitehead-Russell[19]) oder auch, in wesentlichen Punkten verschieden, in Chwistek 1 angestrebt wird, vor allem die Logik begründet und aus ihr die Mathematik hergeleitet werden.[20]) Diese Anschauung steht natürlich in scharfem Widerspruch zu derjenigen von KANT in der Kritik der reinen Vernunft; von der Fest-

---

18) Die Axiome der Auswahl und des Unendlichen (Vorl. 5/6, Nrn. 6 und 9) fallen nicht hierunter und werden als Spezialhypothesen den auf ihnen beruhenden Gebieten zugrunde gelegt.

19) Die wesentlichen, SHEFFER und NICOD zu verdankenden Vereinfachungen in den Grundlagen dieses gewaltigen Werkes finden in der (von RUSSELL herrührenden) Einleitung zur Neuauflage des 1. Bandes Berücksichtigung; von den dort noch nicht genannten neuesten einschlägigen Untersuchungen seien Post, Nicod 2, Łukasiewicz, Eaton, Langer 1 und 2 und Bernays 2 erwähnt. Einen leichtverständlichen, doch zur vollen Orientierung nicht hinreichenden Einblick in sein System gibt Russell 2, vgl. auch etwa Brunschvicg, Burkamp, Nicod 1, Shaw sowie (für einen weiteren historischen Rahmen) Enriques; eine tiefgehende und vielseitige Übersicht über die Arbeiten der Logistiker von LEIBNIZ bis RUSSELL findet man bei Lewis 1, wo auch fast unerschöpfliche Literaturangaben (vgl. auch die Gesamtorientierung in Lewis 2 sowie Zaremba), eine (zu weitgehende) Kritik bei Smart 1 (vgl. auch Smart 2). Die neue Methode SHEFFERS harrt noch der weiteren Ausführung. Erst nach Abschluß des Druckes ist der wichtige Aufsatz Ramseys erschienen.

20) "We shall see that numbers are classes, and classes are propositional functions. Therefore, Mathematics is a part of the theory of propositional functions." (Chwistek 1, Einleitung.) CHWISTEKS Methode ist nach bestimmter Richtung spezialisiert und in ihr weiter ausgebaut in Chwistek 2. Übrigens nähert sich CHWISTEK, obgleich methodisch durchaus Logistiker, in seinen Schlußfolgerungen den Intuitionisten gemäßigter Art (namentlich infolge seiner Verwerfung des anstößigen Reduzibilitätsaxioms). Entsprechendes gilt von den Konsequenzen der Methode von WITTGENSTEIN (siehe Wittgenstein).

rede, die COUTURAT anläßlich des hundertsten Todestages KANTS in Paris gehalten hat, äußert POINCARÉ denn auch ironisch, man habe gemerkt, daß sie der Feier des Jubiläums von KANTS *Tode* gelten solle. Gewissermaßen in der Mitte zwischen beiden Anschauungen, grundsätzlich indes interessanterweise doch wiederum der ersten näherkommend (vgl. auch Vorl. 9/10, Nr. 9), steht die axiomatische Schule HILBERTS und seiner Anhänger, die ja in der Gegenwart im heftigsten Streite mit den Intuitionisten steht und umgekehrt. Auch HILBERT erblickt, darin mit KANT und übrigens im Grunde doch wohl auch mit LEIBNIZ[21]) übereinstimmend, die Wurzeln der Mathematik in gewissen von der Logik unabhängigen, *vor* allem Denken als unmittelbares Erlebnis vorhandenen primitivsten anschaulichen Gegebenheiten, die freilich andersartig und bei weitem nicht so umfassend verstanden werden wie von den Intuitionisten; vielmehr gehört es mit zu den Hauptaufgaben der „Metamathematik" HILBERTS, die natürlichen Zahlen und die vollständige Induktion von dem anschaulichen Ausgangspunkt aus zu *begründen* (vgl. Vorl. 9/10, Nrn. 9f.) und so die Idee des Unendlichen — die, wie in der Natur nie gegeben, so auch als Grundlage des Denkens unzulässig sei —

---

21) Wie es scheint, berufen sich COUTURAT und seine logistischen Gesinnungsgenossen in manchem zu Unrecht auf LEIBNIZ. So richtig es ist, diesen als den (der Entwicklung um Jahrhunderte vorauseilenden) Schöpfer der Idee der modernen Logistik zu feiern — deren Bedeutung im Sinn einer Fortbildung der Aristotelischen Logik (vor allem durch RUSSELL) übrigens vielfach noch nicht hinreichend gewürdigt wird —, so hat LEIBNIZ doch offenbar (vgl. Mahnke, bes. S. 506ff.) die Grenzen der logisch-formalen Methoden gesehen und in seiner von der „mathesis universalis" unterschiedenen „characteristica universalis" ein der Anschauungsgrundlage HILBERTS vergleichbares synthetisch-anschauliches Hilfsmittel erblickt, um die „compossibilitas", also die Verträglichkeit der Axiome oder die Widerspruchsfreiheit damit nachzuweisen und so die Aufführung des weiterhin analytischen Gebäudes der Mathematik überhaupt möglich zu machen. Man vergleiche auch eine Bemerkung LAMBERTS, wonach der Anfang der Wissenschaft nicht die Definition sei, sondern das, was man notwendig im voraus wissen muß, um die Definition aufzustellen.

erst mittels des Endlichen methodisch zu sichern. Aus jenen anschaulichen Wurzeln heraus seien dann Mathematik und Logik und zwar in zunächst einheitlicher Entwicklung aufzubauen, da der Aufbau der Mathematik, wenn auch nicht allein von der Logik aus möglich, doch gewisser Methoden der Logik notwendig bedürfe. (Vgl. hierzu Dubislav 1, wo die ersten beiden Anschauungen eine Zurückweisung erfahren, die vom Standpunkt der Angegriffenen aus freilich kaum stichhaltig ist.)

11. Die LÖWENHEIM-SKOLEMsche Paradoxie. Die Besprechung des Intuitionismus kann nicht abgeschlossen werden, ohne eines neuen, beunruhigend wirkenden Angriffs auf die axiomatische Begründung der Mengenlehre und Analysis Erwähnung zu tun (Skolem, 3. Abschnitt; vgl. hierzu Fraenkel 5 und namentlich v. Neumann 2, II. Teil); eines Angriffs, über dessen Bedeutung zu urteilen freilich eine erst begonnene Aufgabe der heutigen Wissenschaft ist und dessen Verständnis eine gewisse Vertrautheit mit der axiomatischen Methode im allgemeinen und der Axiomatik der Mengenlehre im besonderen erfordert (vgl. die Vorlesungen 5/6 sowie 7/8, Nrn. 1—3).

Ein von LÖWENHEIM mit Hilfe der logistischen Methoden SCHRÖDERS bewiesener Satz, den SKOLEM unter Vereinfachung des Beweises weiter ausgedehnt hat, läßt sich für unsere Zwecke in folgender Form aussprechen: Ist eine abzählbar unendliche Menge von „Zählaussagen" vorgelegt, die mittels der Grundrelationen der Mengenlehre gebildet sind, so sind jene Zählaussagen *entweder* nicht miteinander verträglich (also einander widersprechend), *oder* sie können erfüllt werden innerhalb eines Bereiches von Objekten, der bei passender Wahl der Verknüpfungen der Objekte durch die Grundrelationen nur *abzählbar* unendlich ist. Unter einer Zählaussage wird hierbei eine Aussage verstanden, die aus den Grundobjekten (Mengen) und Grundrelationen mittels der fünf logistischen Grundoperationen (und, oder, Negation, alle, es gibt) in endlicher Weise aufzubauen ist; demnach erweisen sich die in den nächsten Vorlesungen auftretenden Axiome der Mengenlehre durchweg als Zählaussagen, das Axiom der Aussonderung allerdings als eine Gesamtheit von abzählbar unendlich vielen Zählaussagen (vgl. Axiom V', Vorl. 7/8, Nr. 2). Somit müßte sich das System der Axiome der Mengenlehre, wenn es überhaupt widerspruchsfrei ist, realisieren lassen durch einen Bereich von Mengen, der bei geeigneter Verknüpfung der Mengen durch die Relation „Element sein" nur abzählbar unendlich viele Mengen enthält.

Das steht in einem zunächst unverständlichen Widerspruch mit der Tatsache, daß sich mittels des (auch aus den Axiomen sehr wohl herleitbaren) Diagonalverfahrens die Existenz von *überabzählbar* unendlich vielen Mengen beweisen läßt, deren Elemente übrigens wiederum Mengen sind. Dieser Widerspruch läßt sich, wenn die Schlüsse LÖWENHEIMS und SKOLEMS lückenlos und ohne Mißverständnis verlaufen, augenscheinlich nur dahin deuten, daß *der Begriff der Mächtigkeit beim axiomatischen Vorgehen notwendig relativiert wird.* Den Unterscheidungen von „endlich", „abzählbar unendlich", „überabzählbar unendlich", wie sie sich vermöge der Axiomatik ergeben, brauchen nicht die nämlichen Unterscheidungen vom naiv-konstruktiven Standpunkte aus (etwa demjenigen CANTORS) zu entsprechen; vielmehr können die so axiomatisch unterschiedenen Mengen vom naiven Standpunkt aus sämtlich als abzählbar unendlich erscheinen, indem Mengenbildungen benutzt werden, die vom axiomatischen Standpunkte aus unzulässig sind. Bei diesem Widerstreit spielt die Hauptrolle offenbar die Potenzmenge, die generell den Übergang zu höheren Mächtigkeiten gestattet und die wesentlich nicht-prädikativer Natur ist (vgl. Vorl. 7/8, Nr. 3). Es mag sein, daß somit auch hier der Gegensatz zwischen den naiven und konstruktiven Prozessen der Mengenbildung einerseits, den axiomatischen und nicht-prädikativen Prozessen andererseits wiederum unerwartet als drohendes Mene-Tekel erscheint. (Man vergleiche hierzu die in Vorl. 7/8, Nr. 6, besonders im Zusammenhang mit dem Verfahren RICHARDS angestellten Überlegungen.)

Fünfte und sechste Vorlesung.

Die Axiome der Mengenlehre.

1. Die axiomatische Methode und ihre Notwendigkeit für die Begründung der Mengenlehre. Meine Damen und Herren! In der ersten und zweiten Vorlesung haben wir einen „genetischen" oder „synthetischen", auf der CANTORschen Definition der Menge fußenden Aufbau der Mengenlehre in den Umrissen kennengelernt. Wir mußten uns indes noch in der zweiten Vorlesung davon überzeugen, daß eine einwandfreie Entwicklung auf diesem Wege nicht möglich ist, daß vielmehr Widersprüchen so Tür und Tor geöffnet wird. Es ist daher notwendig eine andere Methode einzuschlagen, soll die Mengenlehre gegenüber Zweifeln und Zweiflern gesichert werden.

Für den Begriff der Menge, der übrigens in erster Linie allgemein-logischen Charakter trägt, ist eine zweckmäßigere Definition von genügender Weite, die nicht zu den gleichen Unzuträglichkeiten führte, schwerlich zu geben und jedenfalls bisher nicht aufgestellt worden. Radikal hilft dagegen das Auskunftsmittel der Intuitionisten, mittels einer ganz engen Mengendefinition kurzerhand einen großen Teil der Analysis vom mathematischen Gesamtkörper zu amputieren; ähnlich allerdings wie nach einer Gliedmaßenamputation, bei bereits vollendeter Wiederherstellung der physiologischen Prozesse im Rumpforganismus, subjektiv immer noch Schmerzen im amputierten Glied empfunden werden, gestalten sich auch die Beweise und Aussagen der intuitionistischen Rumpfmathematik geradezu schmerzhaft kompliziert, so daß selbst von intuitionistischer Seite der unterrichtsmäßige Zugang zur neuen Mathematik einstweilen auf dem Umweg über die „falsche" klassische Mathematik als Vorstufe zugestanden wird. Will man nicht zu dem verzweifelten Auskunftsmittel einer derart radikalen Einengung und Beschränkung der mathematischen Gegenstände und Methoden greifen, so muß man demnach auf eine definitorische Entwicklung der Mengenlehre, die mit einer Umgrenzung des Mengenbegriffs anhebt und von hier aus schrittweise aufbaut, ganz und gar verzichten.

Hier ist somit ein gewissermaßen naturgegebenes Betätigungsfeld für die sogenannte *axiomatische Methode* gegeben, die zunächst für die Bedürfnisse der Grundlegung der Geometrie ersonnen worden ist; sie „besteht einfach darin, die Grundbegriffe und die Grundtatsachen, aus denen sich die sämtlichen Begriffe und Sätze einer Wissenschaft definitorisch bzw. deduktiv herleiten lassen, vollständig zu sammeln" (Weyl 3, S. 16), und rechnet somit mit dem Faktum der Wissenschaft, hierin nicht anders als die transzendentale Methode der Kantischen Philosophie. Letzten Endes auf EUCLIDS „Elemente" und auf die Begründung der Nichteuklidischen Geometrie zu Anfang des vorigen Jahrhunderts zurückgehend, ist die axiomatische Betrachtungsweise wesentlich durch PASCHS „Vorlesungen über neuere Geometrie"[1]) und Arbeiten verschiedener italienischer Mathematiker unter Führung PEANOS, dann in einem umfasenderen Sinn von HILBERT und seinen Schülern entwickelt worden. Die grundlegenden Begriffe und Relationen (Beziehungen) der zu begründenden Wissenschaft, Grundbegriffe (z. B. „Punkt", „Gerade" usw.) und Grundrelationen (Grundbeziehungen; z. B. „liegt auf —") genannt, samt ihren sprachlich-schriftlichen Bezeichnungen werden *nicht definiert*; vielmehr werden die unter die Grundbegriffe fallenden Objekte, also z. B. die Punkte, Geraden usw., ohne jede inhaltliche Erklärung miteinander durch die Grundrelationen verknüpft in einem System grundlegender Sätze, die als die Axiome der betreffenden Wissenschaft bezeichnet werden (z. B. „zu je zwei verschiedenen Geraden gibt es höchstens einen Punkt, der auf beiden gelegen ist"). Diese Axiome stellen dann, wenn sie zweckentsprechend gewählt sind, zwar nicht eine synthetische und inhaltliche Definition, wohl aber eine formale Umgrenzung und Erklärung der Grundbegriffe und Grundrelationen dar; über diese sollen nämlich keine anderen

---

[1]) Pasch 1; vgl. auch Pasch 2 und 3 sowie die dort angeführte Literatur.

Aussagen zulässig sein als solche, die aus den Axiomen auf dem Wege formalen deduktiven Schließens hervorgehen. Diese Methode entspricht durchaus dem formalen Charakter der mathematischen Sätze überhaupt, deren Richtigkeit ja nicht etwa von der inhaltlichen Deutung der verwendeten Symbole, sondern nur von den für diese vorgeschriebenen Verknüpfungsvorschriften (Rechenregeln usw.) abhängen. Man spricht bei solcher formaler Umgrenzung der Begriffe und Relationen durch Axiome zuweilen — im Gegensatz zu den *expliziten* Definitionen, wie sie sonst in der Mathematik üblich sind und an der Spitze jeder genetischen Entwicklung einer Wissenschaft stehen — von einer *impliziten* Festlegung oder Definition der Grundbegriffe und Grundrelationen durch die Axiome. Die Implizierung ist hier freilich ganz charakteristisch für die axiomatische Methode, und man kann nicht durch eine Entwirrung der gegenseitigen Verknüpfung zu expliziten, eigentlichen Definitionen übergehen (vgl. Vorl. 3/4 Nr. 5). (Übrigens kann diesem Vorgehen der Axiomatiker eine verwandte Entwicklung in der Auffassung der Philosophen (RICKERT, CASSIRER u. a.) von der Definition und Begriffsbildung an die Seite gestellt werden: die Abkehr von der auf ARISTOTELES zurückgehenden Theorie, die den Begriff aus seinen Individuationen abstrahiert und so der ,,Substanz'' entnimmt, zugunsten der Anschauung, daß es auf die ,,Funktionen'' ankomme, die der Begriff zu leisten hat, m. a. W. auf die Gesamtheit seiner relationalen Verknüpfungen mit anderen Begriffen; vgl. z. B. Schlick, S. 32 ff., aber auch S. 23 ff.)

Für die Auswahl der Axiome ist in erster Linie maßgebend das Bestreben, die Sätze des zu axiomatisierenden Gebietes aus möglichst ,,einfachen'' Grundannahmen herzuleiten, denen dann der Charakter von Axiomen beigelegt wird. Die Aufstellung der Axiome läuft also hinaus auf eine *logische Analyse der Begriffe, Methoden und Beweise, die sich in der historischen Mengenlehre* CANTORS *vorfinden*. Für die Beurteilung der Einfachheit der so auszuwählenden Axiome ist es vor allem maßgebend, daß die Anzahl der in sie eingehenden Grundbegriffe und Grundrelationen (nicht etwa die Anzahl der Axiome) aufs äußerste einzuschränken ist[2]); ferner, daß jedes einzelne Axiom eine möglichst einheitliche Aussage enthalten und die Gesamtheit der Axiome keine entbehrlichen Bestandteile aufweisen soll, bei deren Weglassung das Axiomensystem immer noch den deduktiven Aufbau des wissenschaftlichen Gebäudes gestattet. Weiter müssen, wenn mit der axiomatischen Methode etwas gewonnen sein soll, naturgemäß die Axiome so engen und wohlumgrenzten Charakter tragen, daß durch Deduktion von ihnen aus *die Antinomien der Mengenlehre nicht hergeleitet werden können*. Auch die Rücksicht auf die anschauliche oder logische Evidenz der als Axiome auszuzeichnenden Prinzipien spielt naturgemäß eine Rolle, sie ist aber nicht entscheidend; vielmehr bekommen manche Axiome erst durch die Evidenz der von ihnen abhängigen, ohne sie nicht zu gewinnenden *Folgerungen* so recht ihr volles Gewicht.[3]) So wird man z. B. geneigt sein, die Existenz ähnlicher Figuren als weit einleuchtender anzusehen als das Parallelenaxiom, auf das sich die Möglichkeit ähnlicher Figuren gründet. Neben solcher *relativer* und nachträglicher Rechtfertigung mathematischer Prinzipien versucht man neuerdings auch den Weg einer *absoluten* Entscheidung wenigstens über ihre Zulässigkeit und Verträglichkeit miteinander zu beschreiten; dieses schwierige Problem wird noch in den letzten Vorlesungen (Vorl. 9/10, Nrn. 8 f.) gestreift werden.

Besser und anschaulicher als durch solche abstrakte Erörterungen wird Ihnen das Wesen der axiomatischen Methode klarwerden, wenn Ihnen erst im axiomatischen Aufbau („Axiomatik") der Mengenlehre ein konkretes Beispiel für die Durchführung

---

[2]) Die methodisch anders eingestellte philosophische Betrachtung urteilt hierin mit Recht sehr verschieden; vgl. Geiger, §§ 5 f.

[3]) Vgl. auch D'ALEMBERTS (auf den damaligen Aufbau der Infinitesimalrechnung bezügliches) Wort: »Allez en avant, et la foi vous viendra!« Der oben ausgedrückte Gedanke beherrscht auch in der Philosophie z. B. die Methoden der Schulen von KANT und FRIES; es beruht, wenigstens im Grundsätzlichen, auf Irrtum, wenn in diesem Gedanken von philosophischer Seite (vgl. Dubislav 3, S. 40) ein Sonderbesitz im Gegensatz zur Mathematik erblickt wird.

jener Methode vor Augen steht. All die für unsere Zwecke sehr wesentlichen Bemerkungen über die Erfordernisse und den Wert der axiomatischen Methode im allgemeinen mögen daher bis zu den letzten Vorlesungen (9/10) zurückgestellt bleiben, wo uns anschauliches Material für diese Untersuchung vorliegen wird. Doch mag der Inhalt der letzten Absätze hier noch illustriert werden durch einen, freilich etwas hinkenden Vergleich: Ein Kapitel der Physik wie etwa die Wärmelehre oder die Theorie der Elektrizität hebt historisch und auch systematisch nicht etwa an mit einer Definition des Begriffs der Wärme oder der Elektrizität, aus der dann die Eigenschaften und Wirkungen dieser physikalischen Begriffe deduktiv erschlossen würden. Vielmehr wird das Wesen jener Begriffe umschrieben und gekennzeichnet durch Angabe einer Reihe von Tatsachen, die jene Begriffe in Relation setzen zu anderen, schon näher bekannten oder in gleicher Weise umgrenzten Kräften und Prozessen. Ein wesentlicher Unterschied gegenüber der axiomatischen Methode in der Mathematik liegt freilich darin, daß bei solchem Vorgehen in der Physik neben formalen Verknüpfungen stets auch inhaltliche Bestimmungen Platz greifen.

Im übrigen sei zur ersten Einführung in das Wesen der axiomatischen Methode neben philosophischer Literatur (vergleiche London und Rougier[3a])) namentlich die klare und leichtverständliche Schrift von Boehm empfohlen; für weiteres Eindringen werde auf die Literaturangaben in Fraenkel 4, S. 222, und in Carnap verwiesen, denen noch Doetsch, Weyl 3 und namentlich Geiger anzureihen ist.

Für die meisten Zwecke der Mathematik kommen die genetische und die axiomatische Begründungsart grundsätzlich gleich-

---

3a) Wie freilich auch noch in neuester philosophischer Literatur eine völlige Verkennung der axiomatischen Methode möglich ist, zeigt Beggerov (S. 66—90); die Zugrundelegung einer unzureichenden Definition und die Verwechslung zwischen mathematischem und physikalischem Raum vermehren hier die Mißverständnisse. Auch in Warrain ist das Wesen der axiomatischen Methode nicht genügend berücksichtigt.

berechtigt in Betracht, so z. B. bei der Einführung der irrationalen oder der imaginären Zahlen, ja sogar auch bei der Begründung der Geometrie. Über die Bevorzugung der einen oder der anderen Art entscheidet neben pädagogischen und Zweckmäßigkeitsgründen namentlich auch der wissenschaftliche Geschmack, wobei die Urteile oft weit auseinander klaffen (vgl. als besonders charakteristisch etwa Study, Hölder und Hilbert 2). Grundsätzlich anders ist es bei der Begründung der Mengenlehre (übrigens für den Nichtintuitionisten auch bei der Begründung der Anfänge der Zahlenlehre)! Hier hat die genetische Behandlungsart, wie die Paradoxien beweisen, durchaus versagt, hier fällt das Problem einer Rechtfertigung der CANTORschen Mengenlehre bis heute wesentlich zusammen mit dem ihrer Begründung auf axiomatischem Weg; das gilt auch für die sonstigen Anhänger der genetischen Methode, sofern sie nur überhaupt eine allgemeine Mengenlehre anerkennen.

Eine Widerlegung der *intuitionistischen* Bedenken und Anschauungen wird freilich auf diesem Wege zunächst weder bezweckt noch ermöglicht. Hierüber wird in den Vorlesungen 9/10 (Nr. 8) noch ein Wort zu sagen sein. Namentlich wenden wir im folgenden den logischen Satz vom ausgeschlossenen Dritten unbedenklich an, wie dies bisher in der Mathematik und in der Logik stets üblich war.

2. Grundbegriff und Grundrelation der Axiomatik. Wir beginnen nunmehr mit der Aufrichtung der Axiomatik der Mengenlehre und knüpfen dabei in vielen (wenn auch keineswegs in allen) wesentlichen Punkten an ZERMELO (Zermelo 3) an. Vom Ausmaß und von der Bedeutung der Abweichungen wird später die Rede sein (Vorl. 7/8, Nr. 7).

Das System der Grundbegriffe und Grundrelationen, die ohne Definition in die Axiome eingehen, ist von der denkbar einfachsten Art: es besteht aus einem einzigen Grundbegriff, **Menge** genannt, und einer einzigen Grundrelation, ε geschrieben und etwa „ist Element von —" gelesen, sowie ihrem (kontradiktorischen) Gegenteil $\notin$ („ist nicht Element von —"). Zwischen zwei in bestimmter Reihenfolge gegebenen, unter den Grundbegriff fallenden Objekten („Mengen") kann möglicherweise die Grundrelation ε bestehen; die diesen Fall bezeichnende Aussage $a \, \varepsilon \, b$, wo a und b Mengen bedeuten, wird gelesen: „die Menge a ist Element der Menge b", „b enthält a als Element" usw.; $a \notin b$ heißt: „a ist nicht Element der Menge b". Es ist dabei keineswegs nötig an die Begriffe „Menge", „Element", „enthalten" zu denken, wie sie uns aus der CANTORschen Mengenlehre her vertraut sind; aus Gründen der sprachlichen Verständigung ist es ja jedenfalls erforderlich, überhaupt Wortbezeichnungen zu gebrauchen, und es dient der Anschaulichkeit, wenn wir die alten Bezeichnungen verwenden. Man könnte übrigens statt „Menge" ebensogut, nur farbloser, sagen: „Ding". Eine inhaltliche Deutung ist von vornherein nicht nötig, und falls man eine solche wünscht, so ist jede Deutung zulässig und gleichberechtigt, die durch die folgenden Axiome nicht unmöglich gemacht wird. So könnte man z. B. zunächst daran denken den Grundbegriff „Menge" als „Mensch" und ε als „ist Kind von" zu verstehen, so daß $a \, \varepsilon \, b$ bedeutet: a ist Kind von b. Die meisten denkbaren Deutungen werden indes allmählich durch die Axiome ausgeschlossen, welche die infolge der Inhaltslosigkeit der Grundbegriffe zunächst bestehende Fülle von Möglichkeiten schrittweise einengen[4]); wenn man nicht etwa versuchen will von jeder inhaltlichen Deutung abzusehen, so wird man also zweckmäßig an die Begriffe „Menge" und „Element sein" etwa im Sinne CANTORs denken.

3. Vorbereitende Definitionen. Um die Axiome bequem aussprechen zu können, beginnen wir mit einigen Erklärungen, die aus Grundbegriff und Grundrelation neue Begriffe und Relationen auf dem üblichen definitorischen Wege ableiten. Es handelt sich hier also nicht etwa, wie bei den Axiomen, um tragende und unentbehrliche Pfeiler des zu errichtenden Gebäudes, sondern wesentlich um Abkürzungen der Redeweise, die bei

---

[4]) Vgl. SPINOZAS Wort „omnis determinatio est negatio" und die systematische Ausführung des obigen Gedankens bei Geiger (bes. S. 32 f.).

stetem unmittelbarem Zurückgehen auf „Menge" und ε bis zur Unerträglichkeit schleppend und unübersichtlich würde.

Definition 1. *Sind a und b Mengen, und ist jedes Element von a gleichzeitig Element von b (d. h. folgt aus x ε a stets x ε b), so heißt die Menge a eine Teilmenge der Menge b.*[5])

Hiernach ist namentlich jede Menge eine Teilmenge von sich selbst. Weiter folgt aus dieser Definition, *daß jede Teilmenge einer Teilmenge von b wiederum eine Teilmenge von b ist.* Denn sind *a, c, b* Mengen, und ist *a* eine Teilmenge von *c, c* eine Teilmenge von *b*, so folgt nach der Definition aus $x \, \varepsilon \, a$ stets $x \, \varepsilon \, c$, hieraus stets $x \, \varepsilon \, b$, also aus $x \, \varepsilon \, a$ stets $x \, \varepsilon \, b$, was nach der Definition gerade unsere Behauptung ausdrückt.

Es ist wichtig, die beiden Beziehungen „Element sein" und „Teilmenge sein" scharf voneinander zu scheiden; ihre Verwechslung, die durch sprachliche Momente (doppelte Verwendungsfähigkeit des Wortes „enthalten" oder auch „umfassen") begünstigt wurde, hat in der Logik öfters wesentliche Folgen gezeitigt. Während eine Menge stets Teilmenge von sich selbst ist, wird sie in der Regel nicht Element von sich selbst sein.

Definition 2. *Sind a und b Mengen, und ist gleichzeitig a eine Teilmenge von b und b eine Teilmenge von a, so heißt a gleich b; in Zeichen: $a = b$. In jedem anderen Fall heißt a verschieden von b: $a \neq b$.*

Anders ausgedrückt: ist jedes Element von *a* gleichzeitig Element von *b* und umgekehrt, so ist $a = b$.

Nach der auf Definition 1 folgenden Bemerkung ist hiernach jede Menge sich selbst gleich $(a = a)$; die definierte Gleichheit enthält also die Identität als Spezialfall. Ferner ergibt sich aus der Definition fast unmittelbar, daß die Relation der Gleichheit eine wechselseitige (symmetrische) und fortwirkende (transitive) ist, d. h. daß aus $a = b$ stets $b = a$, aus $a = b$ und $b = c$ stets $a = c$

---

5) Man benutzt hierfür vielfach das Subsumptionszeichen ⊆, schreibt also $a \subseteq b$. Doch soll nachstehend vom Gebrauch dieses Zeichens abgesehen werden.

folgt. (Die durch Definition 1 festgelegte Relation „Teilmenge sein" dagegen ist zwar transitiv, nicht aber symmetrisch.) Schließlich ergibt sich aus Definition 2, daß in jeder Beziehung der Form $a \varepsilon A$ die Menge A durch jede ihr gleiche Menge B ersetzt werden darf, d. h. daß aus $a \varepsilon A$ und $A = B$ stets $a \varepsilon B$ folgt.

Definition 3. *Sind a und b Mengen ohne gemeinsame Elemente, d. h. kommt kein Element von a gleichzeitig in b als Element vor, so heißen a und b elementefremd.* Allgemeiner: sind je zwei beliebige Elemente einer Menge A stets elementefremde Mengen, so werden die Elemente von A als **paarweise elementefremd** bezeichnet.

4. Relationales Axiom (Axiom der Bestimmtheit). Wir gehen nun an die Aufstellung der Axiome der Mengenlehre. Wir benötigen für die allgemeine Mengenlehre sieben Axiome und teilen diese nach ihrem allgemein-logischen Charakter in drei Gruppen, von denen übrigens die erste und die letzte nur je ein einziges Axiom enthält.

I. Relationales Axiom.

Unter der **Gleichheit** wird in den verschiedenen Zweigen der Mathematik zwar keineswegs immer dasselbe verstanden, wohl aber stets eine Relation von ganz bestimmter Prägung, die in vielem an die logische Beziehung der Identität erinnert. Ob auch der durch Definition 2 eingeführte Gleichheitsbegriff diese Prägung besitzt, läßt sich vorerst nicht vollständig feststellen; denn wir haben ja die Gleichheit definitorisch zurückgeführt auf die Beziehung ε, welche Grundrelation der Axiomatik ist, und über deren Natur wir daher einstweilen gar nichts wissen. Fragen wir uns einmal, worin eigentlich jene besondere Prägung des mathematischen Gleichheitsbegriffes besteht! Sie liegt darin, daß jedes mathematische Objekt sich selbst gleich ist, daß die Gleichheit einen symmetrischen und transitiven[6]) Charakter trägt, und daß

---

6) Man erinnere sich an das angebliche „Axiom": wenn zwei Größen einer dritten gleich sind, so sind sie untereinander gleich. Vom oben ein-

in einer richtigen Ausage, die verschiedene mathematische Objekte miteinander verknüpft, jedes Objekt durch ein ihm gleich erklärtes ersetzt werden darf, ohne daß dadurch die Richtigkeit der Aussage beeinträchtigt würde. Fast alle diese Eigenschaften besitzt auch die hier eingeführte Gleichheit, wie wir vorhin in den Bemerkungen zu Definition 2 festgestellt haben. Nur eins fehlt noch: In den innerhalb unserer Axiomatik möglichen Aussagen, die entweder die Form $a \varepsilon A$ bzw. $a \notin A$ haben oder sich auf derartige Formen zurückführen lassen, darf, wie wir oben sahen, die Menge A durch jede ihr gleiche B ersetzt werden. Soll aber die Gleichheit die sonst übliche Prägung besitzen, so muß es auch erlaubt sein, in der Relation $a \varepsilon A$ die Menge a durch eine ihr gleiche b zu ersetzen, d. h. es muß aus $a \varepsilon A$ und $a = b$ stets auch $b \varepsilon A$ folgen.

Wenn wir diese Aussage als Axiom formulieren, so legen wir damit — übereinstimmend mit der sonst üblichen Art einer Gleichheitsrelation — den Charakter der Gleichheit präziser fest, als es oben durch Definition 2 geschah. Schärfer ausgedrückt: wir sprechen mit einem solchen Axiom eine weitergehende Behauptung über die gegenseitige Verknüpfung der Relationen ε und $=$ aus, als schon in Definition 2 enthalten. Dieses Axiom, das also nur eine nähere Charakterisierung der Gleichheitsrelation und damit auch der Grundrelation ε bezweckt, muß demnach lauten:

Axiom I (Axiom der Bestimmtheit). *Sind a, b, A Mengen, und ist a Element von A und $a = b$, so ist auch b Element von A.*

Das eigentliche Wesen dieses Axioms und damit auch die Bezeichnung „Axiom der Bestimmtheit" erklärt sich folgendermaßen: Nach dem Axiom besitzt die hier eingeführte Gleichheit im vollen Maße die Eigenschaft, die ihr auch sonst überall in der Mathematik zukommt, daß nämlich je zwei als gleich erklärte Objekte —

---

genommenen Standpunkt aus dient diese Eigenschaft der Gleichheit zusammen mit den übrigen oben angeführten Eigenschaften dazu, die Gleichheit zu *definieren*.

hier: Mengen — unterschiedslos einander vertreten können. Zwei gleiche Mengen können daher in allen Fragen, die in der axiomatisierten Mengenlehre überhaupt denkbar sind, nicht voneinander unterschieden werden; man kann sie für alle solchen Probleme als miteinander identisch ansehen, mögen sie auch *logisch* das keineswegs sein.[7]) Man kann also gemäß Definition 2 zwei Mengen, die die nämlichen Elemente enthalten, miteinander unterschiedslos identifizieren, wozu jene Definition für sich allein noch nicht berechtigen würde. Eine nähere Kennzeichnung einer Menge als die, daß sie diese und jene Elemente enthält, kommt also für den Mengenbegriff, als axiomatischen Grundbegriff gefaßt, überhaupt nicht in Frage; ein etwaiges Wie? des Enthaltenseins der Elemente, z. B. eine gewisse Reihenfolge des Vorkommens der Elemente in der Menge, spielt keine Rolle. Man kann somit vermöge des Axioms I der Definition 2 entnehmen: *Eine Menge ist durch die Gesamtheit ihrer Elemente völlig bestimmt.*

Diese Tatsache gibt uns das Recht, wie in der Mengenlehre CANTORS so auch in der axiomatischen Mengenlehre eine Menge durch Anschreiben oder Andeuten ihrer sämtlichen Elemente zu charakterisieren. Wie früher soll daher auch jetzt die Menge, die die Elemente $a, b, c, \ldots$ enthält und hierdurch eindeutig festgelegt ist, durch $\{a, b, c, \ldots\}$ bezeichnet werden.

II. Bedingte Existenzaxiome (Axiome II—VI).

5. Die „erweiternden" bedingten Existenzaxiome (Axiome der Paarung, der Vereinigung, der Potenzmenge). Bis jetzt haben wir nur formal verabredet, die mathematischen Objekte, die in der aufzubauenden Axiomatik auftreten, als „Mengen" zu bezeichnen; *was für* „Mengen" aber überhaupt vorkommen sollen,

---

[7] Z. B. behauptet das letzte FERMATsche Theorem, daß die Menge der natürlichen Zahlen n, für die die Gleichung $x^n + y^n = z^n$ ganzzahlig lösbar ist, gleich der Menge $\{1, 2\}$ sei. Von der logischen Identität dieser beiden Zahlenmengen kann aber doch keine Rede sein!

darüber wissen wir noch nichts. Dieser Frage sollen jetzt unsere Betrachtungen gelten. Wenn ein Objekt a in diesem Sinne in unserer axiomatischen Betrachtung zugelassen werden soll, so sagen wir kurz ,,die Menge a existiert". Der Begriff der Existenz bezieht sich also ausschließlich auf die Domäne der Axiomatik.

Die folgenden fünf Axiome, die den wesentlichsten Teil des ganzen Axiomensystems darstellen, haben nun sämtlich die folgende allgemeine Form: wenn gewisse Mengen existieren, so existiert auch eine gewisse weitere von jenen abhängige Menge. Diese Axiome fordern also unter der Voraussetzung der Existenz gewisser Mengen die Existenz weiterer Mengen von bestimmter Art; sie drücken *bedingte Existenzforderungen* aus. In lockerer und anschaulicher Formulierung kann man sagen, die Axiome gestatten die Bildung neuer Mengen aus gegebenen; hierbei ist aber ,,Bildung" in der schärferen Präzisierung der vorangehenden Sätze zu verstehen, nicht etwa mit dem Beigeschmack der Konstruktion.

Es wäre am kürzesten und mathematisch durchaus zureichend (und üblich), jetzt die Axiome als fertige Gebilde unvermittelt aufmarschieren zu lassen, daran rein deduktiv die aus ihnen ableitbaren Folgerungen zu knüpfen und sich so einen Überblick über die Tragweite der Axiome zu verschaffen. Eine tiefere Einsicht in das Wesen der einzelnen Axiome und in die Gründe, aus denen man gerade *sie* und nicht andere Aussagen zum Fundament des Gebäudes der Mengenlehre macht, würde man auf diese Weise nicht oder nur auf weiten Umwegen gewinnen. Wir wollen daher zur Vorbereitung einen mehr induktiven Weg einschlagen, der die Zweckmäßigkeit, in gewissem Sinn sogar die Notwendigkeit der Aufstellung der einzelnen Axiome in helles Licht setzt und so gleichzeitig für die Untersuchung der ,,Unabhängigkeit" der Axiome (vgl. Vorl. 9/10, Nr. 11) Fingerzeige liefert. Leitender Gedanke von einem freilich nur heuristischen, niemals beweiskräftigen Werte ist uns dabei die Erkenntnis, welche Prozesse der Mengenbildung in der CANTORschen Mengenlehre von ausschlaggebender Bedeutung gewesen sind. „Elegant" in dem heute in der Mathematik landläufigen Sinn ist es freilich nicht, ein Axiomensystem in dieser Weise zu entwickeln; aber wenn man nach einem Wort HILBERTS eine mathematische Theorie nicht eher als vollkommen anzusehen hat, bis sie so klar gemacht ist, daß man sie dem ersten besten Straßenpassanten erklären kann, so wird es gerade zur Vollkommenheit einer Axiomatik gehören, daß sich die Axiome einzeln in solcher Weise herausarbeiten und plausibel machen lassen.

Soll die axiomatische Methode im vorliegenden Fall ihr nächstes Ziel, den automatischen Ausschluß der Antinomien, erreichen, so müssen natürlich die durch die Axiome ermöglichten Prozesse der Mengenbildung von so eingeschränkter Natur sein, daß Widersprüche aus ihnen nicht ableitbar sind. Eine uferlose „Zusammenfassung" ganz beliebiger Mengen als Elemente neuer Mengen wird also keinesfalls in Frage kommen.

Die denkbar einfachste Operation der Mengenbildung besteht in der Zusammenfassung zweier gegebener Mengen zu einer neuen Menge, deren Elemente die gegebenen Mengen sind. Wir verlangen die ausnahmslose Ausführbarkeit dieser Operation, also:

Axiom II (Axiom der Paarung). *Sind a und b zwei verschiedene Mengen, so existiert eine Menge $\{a, b\}$, die die Mengen a und b — und nur sie — als Elemente enthält und die ein Paar aus a und b heißen möge.*

Nach Definition 2 und dem Axiom der Bestimmtheit ist durch a und b das Paar eindeutig festgelegt. Es darf daher im Axiom statt „ein Paar" auch heißen: „das Paar"; entsprechend in den nächsten Axiomen. Würde man im Vordersatz des Axioms das Wort „verschiedene" weglassen, so wäre die Existenz des (seinen Namen dann freilich nicht mehr verdienenden) Paares auch noch für den Fall $a = b$ verlangt; das Axiom würde also eine *weitergehende* Forderung enthalten. Die obige schwächere und somit einfachere Fassung genügt aber für unsere Zwecke.

Sind $a, b, c, d, \ldots$ lauter verschiedene Mengen, so kann man durch wiederholte Anwendung des Axioms der Paarung auch

Axiome der Paarung und der Vereinigung

schon kompliziertere Mengen sichern, so z. B. die Menge $\{\{a, b\},$ $\{c, d\}\}$ oder $\{\{a, b\}, \{a, c\}\}$. Alle auf solche Weise herstellbaren Mengen enthalten indes stets zwei Elemente.

Will man von dieser allereinfachsten Art der Mengenbildung zu etwas allgemeineren Prozessen fortschreiten, so muß man neben der Zusammenfassung von *Mengen*, wie sie im nächstliegenden Fall durch das Axiom der Paarung ermöglicht wird, auch die Zusammenfassung der *Elemente verschiedener Mengen* anstreben. Einen Fingerzeig, wie dies zu erfolgen hat, liefert uns die Bildung der Vereinigungsmenge in der CANTORschen Mengenlehre, wo die sämtlichen Elemente beliebig vieler Mengen zu einer neuen Menge, der Vereinigungsmenge, vereinigt werden können (Vorl. 1/2, Nr. 6). Hinsichtlich der gefahrdrohenden Folgen eines unbekümmerten Gebrauchs des Begriffs „beliebig viele" sind wir freilich, z. B. durch das RUSSELLsche Paradoxon, hinlänglich gewitzigt; wir gehen daher nicht wie früher von beliebig vielen Mengen aus, sondern setzen voraus, daß diese Mengen als die Elemente einer bereits als legitim erkannten Menge säuberlich gegeben sind. So gelangen wir zu dem

Axiom III (Axiom der Vereinigung). *Ist m eine Menge, die mindestens ein Element enthält, so existiert eine (die) Vereinigungsmenge* $\mathfrak{S}m$, *die sämtliche Elemente aller Elemente von m — und auch nur diese — als Elemente enthält.*

Ist $m = \{a, b, c, \ldots\}$, so enthält also $\mathfrak{S}m$ die sämtlichen Elemente der Mengen $a, b, c, \ldots$ als Elemente. Wir schreiben in diesem Fall $\mathfrak{S}m = a + b + c + \ldots$ und nennen $a, b, c, \ldots$ die Summanden von $\mathfrak{S}m$. Diese Bezeichnungen (wie auch die Wahl des Zeichens $\mathfrak{S}$) werden durch die Verwandtschaft unserer Operation mit der Summenbildung nahegelegt (vgl. Vorl. 1/2, Nr. 6).

Aus Definition 2 und dem Axiom der Vereinigung folgt unmittelbar, daß $a + b = b + a$, und daß allgemein die Vereinigungsmenge stets unabhängig ist von einer etwaigen Reihenfolge, in der die Summanden gegeben sein sollten.

Die letzten zwei Axiome geben uns zusammengenommen schon

eine gewisse Freiheit in der Bildung von Mengen, d. h. sie gestatten auf Grund gewisser Voraussetzungen die Existenz verschiedenartiger Mengen zu erschließen. Sind z. B. drei verschiedene Mengen a, b, c gegeben, so ermöglicht das Axiom der Paarung zunächst die Bildung der Paare $\{a, b\} = m$ und $\{b, c\} = n$. Dann existieren nach dem Axiom der Vereinigung z. B. die Mengen $\mathfrak{S}m = a + b$ und $\mathfrak{S}n = b + c$, nach dem Axiom der Paarung[8]) die Mengen $\{\mathfrak{S}m, c\} = C$ und $\{a, \mathfrak{S}n\} = A$, schließlich nach dem Axiom der Vereinigung z. B. die Mengen

$$\mathfrak{S}C = \mathfrak{S}m + c = (a + b) + c, \quad \mathfrak{S}A = a + \mathfrak{S}n = a + (b + c).$$

Nach Definition 2 sind übrigens diese beiden Mengen gleich, da sie die nämlichen Elemente, nämlich die einzelnen Elemente der drei Mengen a, b, c und nur sie enthalten. Entsprechend gilt auch für die möglichen Zusammenfassungen von mehr als drei Summanden das „assoziative Gesetz", das die Gleichgültigkeit der Setzung oder Weglassung von Klammern — d. h. der gesonderten Zusammenfassung gewisser Teile der Summe — bei der Addition behauptet. Durch Fortsetzung dieses oder eines analogen Verfahrens läßt sich, wie man unschwer einsieht, mittels der Axiome II und III die Vereinigung nicht nur dreier, sondern überhaupt endlichvieler gegebener Mengen bewerkstelligen.

Dennoch zeigt uns eine einfache Überlegung, daß wir auch mit Hilfe dieses Axioms noch nicht imstande sind, so umfassende Mengen zu bilden, wie es die elementarsten Bedürfnisse der Mengenlehre und ihrer Anwendungen erheischen. Wir kennen vorläufig vom axiomatischen Standpunkte aus überhaupt noch keine *bestimmte* Menge, geschweige denn unendliche Mengen. Nehmen wir aber einmal an, es seien uns solche gegeben, wie wir das später in der Tat werden fordern müssen, und es liege etwa sogar eine (im CANTORschen Sinne, vgl. Vorl. 1/2, Nr. 4) *abzählbar unendliche* Menge m vor, deren Elemente ihrerseits wiederum lauter abzählbar unendliche Mengen seien. Dann existiert nach

---

[8]) Vorausgesetzt, daß die vorkommenden Mengen verschieden sind.

Axiom III die Vereinigungsmenge $\mathfrak{S}m$, die zwar auf den ersten Blick weit umfassender erscheint als die einzelnen Elemente von m, aber nach S. 13 doch wiederum abzählbar ist, also keine größere Kardinalzahl als die Menge m und jedes ihrer Elemente besitzt. Auch mittels Wiederholung eines derartigen Verfahrens, mit oder ohne Zuhilfenahme des Axioms der Paarung, können wir offenbar nicht über das abzählbar Unendliche hinausgelangen. Diese freilich nur in der CANTORschen Mengenlehre beweiskräftige, für uns aber immerhin heuristischen Wert besitzende Überlegung zeigt uns: solange als Rohmaterial nur endliche und abzählbare Mengen gegeben sind, gestatten die bisherigen Axiome uns nicht, zu Mengen von größerer Kardinalzahl aufzusteigen, also nicht einmal das Kontinuum (vgl. Vorl. 1/2, Nr. 5) zu sichern. Eine Mengenlehre aber, die nicht einmal die für Analysis wie Geometrie gleich fundamentalen Mengen von der Mächtigkeit des Kontinuums sicherte, wäre nur ein Schatten und bedeutete eine selbstmörderische Abdankung der Wissenschaft CANTORS zugunsten des Intuitionismus.

Wir müssen und wollen daher eine Möglichkeit suchen, um *allgemein* von einer gegebenen Menge zu Mengen größerer Kardinalzahl vorzudringen. Würde es doch ein Stehenbleiben mitten am Weg bedeuten, wenn wir zwar die Existenz des Kontinuums noch durch ein besonderes Axiom forderten, hiermit aber uns dann begnügten. Wieder kann uns die CANTORsche Mengenlehre als Richtschnur dienen. Das Hilfsmittel, das uns dort den Übergang von einer beliebigen Kardinalzahl zu einer größeren ermöglichte, war das Diagonalverfahren, wie es im Beweise des CANTORschen Satzes von der Potenzmenge (Vorl. 1/2, Nrn. 5 und 6) zum Ausdruck kommt. Demgemäß soll hier die Aussage dieses Satzes als Axiom unter die Grundpfeiler der axiomatischen Mengenlehre aufgenommen werden; also:

Axiom IV (Axiom der Potenzmenge). *Ist m eine Menge, so existiert eine (die) Potenzmenge $\mathfrak{U}m$, die sämtliche Teilmengen von m und nur diese als Elemente enthält.*

Um einem naheliegenden Mißverständnis bezüglich der Bedeutung der Definition 1 und des Axioms IV vorzubeugen, werde darauf hingewiesen, daß in beiden der Begriff ,,Teilmenge" eine andere, wesentlich engere Bedeutung hat als in der ersten Vorlesung. Damals konnten wir bei der Bildung der Potenzmenge $\mathfrak{U}m$ eine beliebige Gesamtheit von Elementen aus m zu einer Teilmenge von m zusammenfassen und waren dann sicher, daß diese sich unter den Elementen von $\mathfrak{U}m$ findet. Jetzt ist uns eine derartige, weitgehende Freiheit gewährende ,,Bildung" einer Teilmenge von m nicht gestattet, also auch ihr Auftreten unter den Elementen von $\mathfrak{U}m$ keineswegs gesichert. Vielmehr *muß uns eine Menge erst anderweitig als existierend gegeben sein*, damit wir sie nach Definition 1 darauf prüfen können, ob sie etwa Teilmenge von m ist; dann erst können wir nach günstigem Ausfall dieser Prüfung ihres Auftretens in $\mathfrak{U}m$ sicher sein.

6. **Die ,,einschränkenden" bedingten Existenzaxiome (Axiome der Aussonderung und der Auswahl).** Um einen Fingerzeig für die Aufstellung weiterer Axiome zu gewinnen, bedenken wir, daß wir bisher gewissermaßen rein expansiv vorgegangen sind; eine Art schrittweiser *Erweiterung des Umfanges* der zu sichernden Mengen war es, was die Einführung der letzten drei Axiome charakterisiert. Neben diesem Expansionsdrang darf auch die Intensivierung, gewissermaßen die Kleinarbeit auf dem gewonnenen Gelände nicht aus dem Auge verloren werden. Der Mengenbildung auf dem Wege der Ausdehnung (Paarung, Vereinigung, Potenzierung) ist eine solche mittels *einschränkender Methoden* an die Seite zu stellen.

Wie dies geschehen muß, erkennt man unschwer bei einer Prüfung des Wertes, der dem anscheinend so weittragenden Axiom der Potenzmenge auf dem jetzigen Standpunkte zukommt. Ist m eine gegebene endliche oder unendliche Menge, so stehen uns als Teilmengen von m einstweilen nur zur Verfügung die Menge m selbst (S. 65) sowie die aus je zwei beliebigen Elementen von m durch Paarung entstehenden Paare, die nach Axiom II existieren und nach Definition 1 Teilmengen von m sind. Darüber hinaus können wir durch Ausnutzung der Axiome II und III noch

Notwendigkeit des Axioms der Aussonderung

leicht zu weiteren *endlichen* Teilmengen von m gelangen[9]), aber (im allgemeinen) auch *nur* zur solchen. Ist z. B. m die Menge der natürlichen Zahlen, so können wir mittels der bisherigen Axiome keine von ihr verschiedene unendliche Teilmenge von ihr bilden; es braucht also auf Grund ihrer Existenz noch lange nicht die Menge aller *geraden* natürlichen Zahlen zu existieren, ja nicht einmal die Menge aller natürlichen Zahlen ausschließlich der Zahl 1. Eine derartige Unmöglichkeit, auf dem Wege der Einschränkung aus gegebenen Mengen speziellere zu gewinnen, würde die Mengenlehre jeglicher Anwendungsfähigkeit berauben. Vor allem würde auch das Axiom der Potenzmenge vollkommen den Zweck verfehlen, der oben mit seiner Aufstellung angestrebt wurde; es wäre fürwahr eine magere Potenzmenge $\mathfrak{U}m$, die außer m selbst nur noch *endliche* Teilmengen von m enthielte, und mit einer solchen Potenzmenge dürften wir nicht hoffen, den Übergang von einer beliebigen Menge zu einer anderen von größerer Kardinalzahl zu bewerkstelligen.

Es kommt also alles darauf an, zu einer gegebenen Menge m die Existenz von Teilmengen mannigfacher Art zu sichern, m. a. W. gewisse, irgendwie charakterisierte Elemente von m auszusondern und für sich zu einer Menge zusammenzufassen, die dann von selbst Teilmenge von m ist. Wir drücken das vorläufig folgendermaßen aus:

Axiom V (Axiom der Aussonderung). *Ist m eine Menge und $\mathfrak{E}$ eine für die Elemente von m sinnvolle Eigenschaft, so existiert eine (die) Teilmenge $m_\mathfrak{E}$, welche all diejenigen Elemente von m — und nur sie — zu Elementen besitzt, denen die Eigenschaft $\mathfrak{E}$ zukommt.*

Der in diesem Axiom vorkommende und ganz wesentliche Begriff „sinnvolle Eigenschaft" entbehrt jener Präzision und Eindeutigkeit, die wir in der Mathematik und ganz gewiß in dem

---

9) Sind z. B. a, b, c drei verschiedene Elemente von m, so existieren die Paare $\{a, b\}$ und $\{a, c\}$, also auch das Paar $A = \{\{a, b\}, \{a, c\}\}$; dessen Vereinigungsmenge ist $\mathfrak{S} A = \{a, b, c\}$, d. i. eine Teilmenge von m; usw.

strengen Aufbau einer Axiomatik mit Recht zu fordern gewohnt sind. Er ist sogar geeignet, unangenehme Erinnerungen an gewisse Antinomien wach zu rufen, in denen der Eigenschaftsbegriff eine wesentliche Rolle spielt. Wir werden diesen anstößigen Begriff später ausmerzen in einer Betrachtung, die wir um ihrer größeren Schwierigkeit willen noch zurückstellen (Vorl. 7/8, Nrn. 1 ff.). Einstweilen genügt es, unter ,,sinnvollen Eigenschaften" solche zu verstehen, die jedem beliebigen Element von m entweder wohl oder nicht zukommen; das braucht freilich nicht etwa durchaus auf konstruktivem Weg entscheidbar zu sein, sondern auch die Anwendung des Satzes vom ausgeschlossenen Dritten ist zulässig. Ist z. B. m eine Menge verschiedenfarbiger Kugeln und $\mathfrak{E}$ die Eigenschaft, weiß zu sein, so existiert die Menge $m_\mathfrak{E}$ aller weißen Kugeln der Menge. Ist m die Menge aller reellen Zahlen, $\mathfrak{E}$ die Eigenschaft, transzendent zu sein (Vorl. 1/2, Nr. 1), so ist auch diese Eigenschaft für jede reelle Zahl sinnvoll, da sie nach der Definition der Transzendenz einer beliebigen reellen Zahl entweder zukommt oder nicht, mag auch die Entscheidung beim gegenwärtigen Stand der Wissenschaft nicht immer möglich sein; daher existiert mit m gleichzeitig auch die Menge $m_\mathfrak{E}$ aller reellen transzendenten Zahlen. Dagegen ist z. B. die Eigenschaft ,,ewig" für die Elemente einer Zahlenmenge nicht sinnvoll (vgl. S. 40, Fußn. 6). Im übrigen sei für die Frage, inwiefern Axiom V im Vergleich zur Mengenbildung in der CANTORschen Mengenlehre einen stark einschränkenden Charakter trägt, auf Nr. 5 von Vorl. 7/8 verwiesen.

Bevor wir das nächste und letzte unter den bedingten Existenzaxiomen aufstellen, wollen wir uns einen teilweisen Überblick darüber verschaffen, wie weit uns die bisherigen Axiome tragen und wo sie uns im Stiche lassen. Diese Erkenntnis wird uns einen Wink geben, nach welcher Richtung wir noch ein weiteres Axiom benötigen. Es wird sich dabei übrigens um ein Axiom handeln, das bei aller grundsätzlichen Bedeutung doch im Vergleich zu den beiden letzten Axiomen praktisch nur von beschränkter Wichtigkeit ist; *die weitaus bedeutungsvollsten und anwendungs-*

Eigenschaftsbegriff. Existenz der Nullmenge

fähigsten unter unseren Axiomen sind die Axiome der Potenzmenge und der Aussonderung (vgl. Vorl. 7/8, Nr. 3, sowie Vieler), die denn auch miteinander in besonders inniger Weise verknüpft sind.

Es sei m eine beliebige Menge — wir kennen freilich noch keine, das beeinträchtigt aber unsere Folgerungen nicht — und $\mathfrak{E}$ eine Eigenschaft, die *keinem* Element von m zukommt; wenn z. B. m die Menge aller ganzen Zahlen bzw. eine Menge von bunten Kugeln ist, so sei $\mathfrak{E}$ etwa die Eigenschaft, gebrochen bzw. weiß zu sein. Man kann auch ein für allemal eine für *jede* Menge m brauchbare Eigenschaft $\mathfrak{E}$ wählen, nämlich die, *nicht Element von m zu sein*. Dann muß die Menge $m_\mathfrak{E}$ nach dem Axiom der Aussonderung existieren und eine Teilmenge von m sein, während sie nach ihrer Definition kein einziges Element von m und somit überhaupt kein Element enthalten kann. Ferner kann es nach Definition 2 nicht zwei verschiedene Mengen geben, von denen jede kein Element enthält; denn jede von ihnen müßte ja (nach Definition 1) Teilmenge der anderen sein. Wir erhalten also das mit der früheren Definition (Vorl. 1/2, Nr. 1) übereinstimmende (und sie so erneut rechtfertigende) Ergebnis:

Satz 1. *Wenn überhaupt eine Menge existiert, so gibt es eine einzige Nullmenge 0, die überhaupt kein Element enthält und somit (nach Definition 1) Teilmenge einer jeden Menge ist.* — Die Nullmenge hat offenbar außer sich selbst keine weitere Teilmenge.

Nach dem Axiom der Paarung lassen sich aus gegebenen Mengen *Paare* bilden, nicht aber Mengen mit einem *einzigen* Element. Dieser Mangel ist jetzt auf Grund des Axioms der Aussonderung leicht zu beheben. Die Potenzmenge $\mathfrak{U}0 = \{0\}$ der Nullmenge ist sicher von der Nullmenge verschieden, da sie im Gegensatz zur Nullmenge ein Element (nämlich 0) enthält. Existiert nun irgendeine Menge m, so existiert nach dem vorigen Absatz auch die Nullmenge; also gibt es, gleichviel ob $m = 0$ ist oder nicht, mindestens zwei *verschiedene* Mengen m und n. $A = \{m, n\}$ sei das zugehörige Paar, $\mathfrak{E}$ die Eigenschaft, ,,gleich m zu sein''; sie kommt dem Element m von A zu, dem Element n nicht zu, ist also für beide sinnvoll. Daher existiert nach Axiom V die Menge $A_{\mathfrak{E}} = \{m\}$, die die Menge m als einziges Element enthält. Diese Menge $\{m\}$ ist im allgemeinen von m scharf zu scheiden; sie enthält nur *ein* Element, während m natürlich deren mehrere besitzen kann. Übrigens ist gemäß dem Begriff der Vereinigungsmenge (Axiom III) stets $\mathfrak{S}\{m\} = m$. Es gilt also:

Satz 2. *Zu jeder Menge m existiert auch die Menge* $\{m\}$*, die m als einziges Element enthält.*

Von den in der ersten Vorlesung eingeführten Rechenoperationen mit Mengen finden wir in diesem axiomatischen Aufbau die Summen- und Potenzbildung im wesentlichen wieder (in den Axiomen III und IV). Wir versuchen nunmehr auch ein *Produkt* von Mengen zu bilden (Vorl. 1/2, Nr. 6) und denken uns dabei vorsichtshalber (vgl. Axiom III) die zu multiplizierenden Faktoren als die Elemente einer und derselben schon bekannten Menge M gegeben.

Es sei $M = \{A, B, C, \ldots\}$ eine von o verschiedene Menge, deren Elemente paarweise elementefremd sind (Definition 3). Die Vereinigungsmenge $\mathfrak{S}M$ enthält alle Elemente der Mengen A, B, $C, \ldots$ (Axiom III). Wenn a ein Element von A, b ein Element von B bezeichnet usw. und wenn der „Komplex" $\{a, b, c, \ldots\}$ eine Menge ist, die aus jedem der Elemente von M je ein einziges Element enthält, so ist dieser Komplex eine Teilmenge von $\mathfrak{S}M$, also ein Element der Potenzmenge $\mathfrak{U}\mathfrak{S}M$ (Definition 1 und Axiom IV). Eine *beliebige* Teilmenge von $\mathfrak{S}M$ (d. h. ein beliebiges Element von $\mathfrak{U}\mathfrak{S}M$) besitzt entweder die Eigenschaft $\mathfrak{E}$, „mit jedem Element von M je ein einziges Element gemeinsam zu haben", oder es besitzt sie nicht. Diese Eigenschaft $\mathfrak{E}$, ein Komplex zu sein, ist also sinnvoll für die Elemente von $\mathfrak{U}\mathfrak{S}M$. Kach dem Axiom der Aussonderung existiert also die Menge *aller möglichen* Komplexe obiger Art; sie ist eine Teilmenge von $\mathfrak{U}\mathfrak{S}M$ und werde mit $\mathfrak{P}M$ bezeichnet. Ihrer Definition nach stimmt sie wesentlich überein mit dem in Vorl. 1/2 (Nr. 6) eingeführten Pro-

Existenz der Mengen $\{m\}$ und des Produktes

dukt der Mengen $A, B, C, \ldots$; denn die Elemente von $\mathfrak{P}M$ sind ja lauter Mengen, die je ein einziges Element der Mengen $A, B, C, \ldots$ enthalten, und zwar alle möglichen Mengen dieser Art. Ist eine der Mengen $A, B, C, \ldots$ die Nullmenge, so kann kein Element von ihr in irgendeinem Komplex vorkommen, d. h. es kann überhaupt keinen Komplex der bezeichneten Art geben. Hierdurch wird aber die Gültigkeit unseres Resultates nicht beeinträchtigt: wenn kein Komplex existiert, so schrumpft die Menge $\mathfrak{P}M$ eben auf die Nullmenge zusammen. Also:

Satz 3. *Ist $M = \{A, B, C, \ldots\}$ eine von o verschiedene Menge, deren Elemente paarweise elementefremd sind, so existiert das Produkt $\mathfrak{P}M$, dessen Elemente all die Mengen sind, die mit jedem Element $A, B, C, \ldots$ von M je ein einziges Element gemeinsam haben. Kommt unter den Elementen von M die Nullmenge vor, so ist $\mathfrak{P}M = 0$.*

Dieser aus unseren Axiomen streng bewiesene Satz hat aber noch einen gefährlichen Haken. Es fragt sich nämlich, ob $\mathfrak{P}M$ auch gleich der Nullmenge sein kann, *ohne daß diese unter den Elementen von M auftritt*. Vom naiven Standpunkt aus läßt sich diese Frage gewiß verneinen. Man braucht ja nur aus jeder der sämtlich von o verschiedenen Mengen $A, B, C, \ldots$ je ein beliebiges Element $a, b, c, \ldots$ auszuwählen und all diese Elemente zu einer Menge zusammenzufassen, die dann einen Komplex darstellt; die Menge aller Komplexe ist also von o verschieden. Vom axiomatischen Standpunkte aus dürfen wir aber nicht so vorgehen. Die Elemente $a, b, c, \ldots$, die freilich alle in $\mathfrak{S}M$ vorkommen, sind ja ganz beliebig den zugehörigen Mengen entnommen, brauchen also keineswegs durch eine gemeinsame sinnvolle Eigenschaft charakterisiert zu sein, die *ihnen allein* unter allen Elementen von $\mathfrak{S}M$ zukäme. Das Axiom der Aussonderung gibt uns dann kein Recht, den Komplex $\{a, b, c, \ldots\}$ oder irgendeinen speziellen anderen (als Teilmenge von $\mathfrak{S}M$) zu bilden. Es kann freilich der Fall sein, daß eine gewisse, anderweitig definierte und axiomatisch gesicherte Menge gerade einen Komplex der gewünschten Art darstellt und somit dem Produkt $\mathfrak{P}M$ einen von o verschiedenen Umfang garantiert; eine *Sicherheit*, daß ein derartiger Fall eintritt, daß also Komplexe überhaupt vorhanden sind, ist aber nicht zu erkennen. Es wäre so der paradoxe und mit der CANTORschen Mengenlehre in scharfem Widerstreit stehende Fall denkbar, daß ein Produkt von lauter von o verschiedenen Mengen sich selbst auf die Nullmenge reduzierte. So unangenehm wirken sich, auch nach Aufstellung von Axiom V, die immer noch bestehenden Schranken in der Bildung von Mengen aus!

Um diesen Übelstand zu vermeiden, drücken wir in einem weiteren — wesentlich dem letzten — Axiom die Forderung aus, daß es *Komplexe der angegebenen Art immer gebe*, daß also (in Umkehrung des Schlusses von Satz 3) das Produkt $\mathfrak{P}M$ auch *nur* dann $= 0$ sei, wenn o unter den Elementen von M vorkommt. Also:

Axiom VI (Axiom der Auswahl). *Ist M eine (von o verschiedene) Menge, deren Elemente paarweise elementefremd und sämtlich von o verschieden sind, so ist auch das (nach Satz 3 jedenfalls existierende) Produkt $\mathfrak{P}M$ von o verschieden.* Oder ausführlicher: *es gibt dann mindestens eine Teilmenge der Vereinigungsmenge $\mathfrak{S}M$ — eine Auswahlmenge von M —, welche mit jedem Element von M je ein einziges Element gemeinsam hat.*

Eine andere gleichbedeutende und besonders einleuchtende Fassung des Axioms ist die folgende: Wenn eine Menge S (oben $\mathfrak{S}M$ genannt) in lauter paarweise elementefremde Summanden (oben $A, B, C, \ldots$) zerlegt wird, so gibt es mindestens eine Teilmenge von S, die mit jedem Summanden gerade ein einziges Element gemeinsam hat.

Anschaulicher, aber weniger scharf, läßt sich dieses Axiom auch so ausdrücken: Man kann unter den angegebenen Voraussetzungen aus jedem der Elemente $A, B, C, \ldots$ von M je ein einziges Element $a, b, c, \ldots$ auswählen und diese Elemente zu einer Menge, einer Auswahlmenge von M, vereinigen. Bei dieser Formulierung muß man sich aber vor dem Mißverständnis hüten, als ob das

Axiom etwas zu tun habe mit der Möglichkeit eines bestimmten Verfahrens, um die Auswahl geeigneter Elemente $a, b, c, \ldots$ wirklich vorzunehmen, oder auch nur mit der Existenz einer für diese Elemente charakteristischen Eigenschaft; diese mißverständliche Auffassung, die durch die etwas unpassende, aber nun einmal historisch gewordene Bezeichnung des Axioms nahegelegt wird, hat öfters auch noch in neuerer philosophischer und mathematischer Literatur zu Irrtümern geführt. Nur die Existenz, nicht die Auffindung oder Konstruktion geeigneter Teilmengen von $\mathfrak{S}M$ ist Gegenstand des Axioms. Übrigens fordert unser Axiom im Gegensatz zu den bisherigen Existenzaxiomen nicht eine *bestimmte* Menge, sondern nur *irgendeine* Menge einer gewissen Art. Vom Standpunkte CANTORS aus ist es sogar klar, daß es *verschiedene* Komplexe der gewünschten Art geben muß, außer wenn etwa jede der Mengen $A, B, C, \ldots$ nur je ein einziges Element enthalten sollte.

Was die Voraussetzungen des Axioms betrifft, so ist die zweite — daß die Elemente von M sämtlich von o verschieden sind — von Natur aus notwendig; denn ist die Nullmenge ein Element von M, so kann es gemäß Satz 3 unmöglich eine Auswahlmenge von M geben. Dagegen ist die erste Voraussetzung des Auswahlaxioms, wonach die Elemente von M paarweise elementefremd sein sollen, an sich keineswegs erforderlich. Läßt man diese Voraussetzung weg, so fordert das Axiom, das dann allerdings anders formuliert werden muß (vgl. Vorl. 7/8, Nr. 9), wesentlich *mehr*, nämlich die Existenz einer Auswahlmenge *auch in den Fällen*, wo M der ersten Voraussetzung nicht genügt. In einer so verallgemeinerten Fassung würde das Axiom weniger anschaulich sein. Übrigens kann die allgemeine Tatsache aus der engeren Aussage des Axioms (unter Benutzung der übrigen Axiome) nachträglich gefolgert werden (vgl. a. a. O.).

7. Der existentiale Charakter des Auswahlaxioms. Zu dem eigenartigen und vielumstrittenen Auswahlaxiom — auch Auswahlprinzip genannt — sind einige grundsätzlich wichtige Bemerkungen zu machen, die gleichzeitig auf gewisse, zum Teil schon in Vorlesung 3/4 gestreifte Grundfragen der Mengenlehre und der Mathematik überhaupt ein helleres Licht werfen.

Vor allem sei bemerkt, daß wir für den Fall einer *endlichen* Menge M des Axioms gar nicht bedürfen, um die Existenz einer Auswahlmenge von M zu sichern. Enthält M z. B. nur zwei Elemente A und B, die nach der Voraussetzung des Axioms je mindestens ein Element, aber kein gemeinsames Element besitzen, und ist a irgendein Element von A, b irgendein Element von B, so existiert (wegen $a \neq b$) nach dem A. d. Paarung das Paar $\{a,b\}$, das schon eine Auswahlmenge von M darstellt. Mit diesem Schluß sind nicht etwa die Elemente a und b unzulässigerweise in versteckter Form konstruiert oder „ausgewählt" gedacht; es wird nur behauptet, daß die Nichtexistenz von Mengen der Form $\{a,b\}$ unverträglich ist mit der doppelten Voraussetzung, wonach einerseits A und B Elemente besitzen, andererseits alle Paare je zweier verschiedener Mengen existieren. Entsprechend kann im Fall irgendeiner *endlichen* Menge M geschlossen werden; nicht als ob eine „Auswahl" (zwar infolge der Beschränktheit des menschlichen Lebens nicht unendlich oft, wohl aber) endlich oft getroffen werden könnte, sondern einfach deshalb, weil die bei zwei Elementen angewandte Schlußweise mittels vollständiger Induktion (Vorl. 9/10, Nr. 5) auf beliebige endliche Mengen übertragen werden kann. Die Bedeutung des Axioms liegt also in der Forderung, die es für den Fall einer *unendlichen* Menge M aufstellt.

Von besonderer Wichtigkeit ist es, sich den Charakter des Auswahlaxioms als eines reinen *Existenzaxioms* klarzumachen. Das Axiom behauptet keineswegs, es sei stets möglich, mit den (derzeitigen oder auch künftigen) Mitteln der Wissenschaft eine Auswahlmenge von M herzustellen; es besagt nur, daß unter den verschiedenen Teilmengen von $\mathfrak{S}M$ sich auch solche befinden, die mit jedem Element von M je ein einziges Element gemein haben, gleichviel, ob man derartige Teilmengen durch irgendwelche Methoden auffinden kann oder nicht. Der grundlegende Unterschied zwischen beiden Auffassungen, dessen ungenügende Beachtung manche neuere Diskussion unfruchtbar gestaltet hat, wird am deutlichsten an Hand einiger Beispiele hervortreten.

Beispiel 1. $M = \{A\}$ enthalte nur einziges Element A. In diesem Fall bedarf es (vgl. S. 82) des Auswahlaxioms überhaupt nicht. Man mag es dann vielleicht für selbstverständlich halten, daß eine Menge, die ein einziges Element von A und kein weiteres Element enthält, nicht nur existiert, sondern auch in jedem Fall angebbar ist. Nehmen wir, um uns den Sachverhalt anschaulicher zu machen, für A die Menge aller transzendenten Zahlen (vgl. Vorl. 1/2, Nr. 1), die nicht nur in der CANTORschen Mengenlehre, sondern (nach Hinzunahme des Axioms des Unendlichen, Nr. 9) auch in unserer Axiomatik existiert! Wir kennen heute gewisse transzendente Zahlen und können also eine Menge bilden, die eine einzige transzendente Zahl enthält. Lebten wir aber um ein Jahrhundert früher und wäre uns demgemäß weder eine transzendente Zahl noch überhaupt die Tatsache der Existenz von transzendenten Zahlen bekannt, so könnten wir immerhin (und zwar ohne Auswahlaxiom) so schließen: A ist entweder $= 0$ oder enthält mindestens ein Element; ist a ein beliebiges (wenn auch unbekanntes) Element von A, so existiert nach Satz 2 die Menge $\{a\}$, und sie ist offenbar eine Auswahlmenge von $M = \{A\}$. Die Existenz einer Auswahlmenge ist also im Falle $A \neq 0$ ohne das Auswahlaxiom beweisbar, obgleich ihre konstruktive Bildung unmöglich sein mag.[10]

Beispiel 2. Die Menge M in Axiom VI sei eine abzählbare Menge von *Mengen natürlicher Zahlen*, d. h. jedes ihrer abzählbar unendlich vielen Elemente $A_1, A_2, A_3, \ldots$ enthalte endlich viele oder unendlich viele natürliche Zahlen, und zwar der Voraussetzung gemäß derart, daß niemals die gleiche Zahl in mehreren der Mengen $A_1, A_2, \ldots$ vorkommt. (Es mag z. B. A_1 alle Primzahlen umfassen, A_2 alle als Produkte zweier, A_3 alle als Produkte

---

[10] Nur wer den rein existentialen Charakter des Axioms übersieht, kann glauben (so gelegentlich POINCARÉ), seiner auch im Fall einer endlichen Menge M zu bedürfen.

dreier Primzahlen darstellbaren Zahlen usw.) Dann läßt sich wiederum ohne das Auswahlaxiom eine Auswahlmenge von M nicht nur als existierend nachweisen, sondern sogar ausdrücklich angeben. Es genüge, einen Weg hierzu zu skizzieren, ohne den Prozeß mittels der Axiome I—V im einzelnen durchzuführen: Zunächst läßt sich in jeder der Mengen $A_1, A_2, \ldots$ durch eine gemeinsame Eigenschaft je ein Element eindeutig auszeichnen; z. B. gibt es ja in jeder Menge von natürlichen Zahlen eine *kleinste* natürliche Zahl, die als das ausgezeichnete Element definiert werden kann. Hat man so abzählbar unendlich viele natürliche Zahlen ausgezeichnet, so folgt aus dem A. d. Aussonderung, daß unter den Teilmengen von $\mathfrak{S}M$ eine Menge vorkommt, die all diese ausgezeichneten natürlichen Zahlen und nur sie zu Elementen besitzt. Diese Menge ist eine der gesuchten Auswahlmengen von M.

Beispiel 3. Ganz anders gestaltet sich die Sachlage, wenn wir unter M eine unendliche Menge von *Mengen reeller Zahlen* verstehen, wenn also in den Elementen von M beliebige reelle Zahlen als Elemente auftreten. Dann wird die Angabe einer Regel, die jedem Element von M eine bestimmte darin vorkommende reelle Zahl zuordnet, im allgemeinen mit den derzeitigen Mitteln der Wissenschaft unmöglich sein; „im allgemeinen", das heißt nämlich, wenn nicht zufällig die Menge M und ihre Elemente so gebaut sind, daß ausnahmsweise eine derartige Regel angebbar ist. Das steht in scharfem Gegensatz zum vorigen Beispiel, wo eine solche Regel für die Elemente von M immer leicht aufzustellen war, die Regel nämlich: jedem Element von M — d. i. stets eine Menge von natürlichen Zahlen — wird die kleinste der darin vorkommenden natürlichen Zahlen zugeordnet. Der Leser wird sich die ungeheure, bisher nicht überwundene Schwierigkeit der Angabe einer solchen Regel in unserem Fall einigermaßen anschaulich machen können, wenn von der (gemäß Schluß der vorigen Nr. nicht wesentlichen) Bedingung der Elementefremdheit der Elemente von M abgesehen wird, wenn also die Elemente von M ganz beliebige Mengen reeller Zahlen sein dürfen. Dann kann und soll für *M* die Menge *aller* Mengen von reellen Zahlen genommen werden, d. h. die Potenzmenge $\mathfrak{U}N$, wo N die Menge aller reellen Zahlen bedeutet, unter Ausschluß der (in $\mathfrak{U}N$ zunächst vorkommenden) Nullmenge. Um dann wie im vorigen Beispiel ein Gesetz für die Auswahl je eines Elementes aus den Elementen von *M* angeben zu können, hätte man eine Regel aufzustellen, durch die *in jeder Menge von reellen Zahlen eine dieser Zahlen eindeutig hervorgehoben wird*. Das scheint vielleicht auf den ersten Blick gar nicht so schwierig; um so mehr aber bei näherem Zusehen. In jeder solchen Menge etwa wieder die kleinste Zahl hervorzuheben, geht nicht an; denn in einer Menge reeller Zahlen braucht eine kleinste Zahl gar nicht vorzukommen, wie etwa die Menge *aller* reellen Zahlen zeigt oder auch die Menge aller *positiven* reellen Zahlen, in der doch gleichzeitig mit jeder in ihr enthaltenen Zahl z. B. auch die halb so große Zahl auftritt. Es nützt auch nichts, wenn man, mit einer beliebigen reellen Zahl *a* beginnend, etwa festsetzen wollte, daß in *jeder* Menge, in der *a* vorkommt, *a* das ausgezeichnete Element sein solle, und wenn man dann diesen Gedanken weiter fortzuführen trachtete. Es sei bemerkt, daß sich nach LEBESGUE für diese Menge $M = \mathfrak{U}N$ und ähnliche Mengen „gesetzmäßige" Regeln (im Sinn der analytisch darstellbaren Funktionen der normalen Mathematik) für die Auswahl ausgezeichneter Elemente überhaupt nicht angeben lassen; vgl. Hausdorff, S. 429f., und Literaturangabe dort, S. 473.

In diesem Fall ist es also nicht möglich, auf Grund des A. d. Aussonderung die Existenz einer Teilmenge von $\mathfrak{S}M$ nachzuweisen, die den Charakter einer Auswahlmenge von *M* besäße. Ein anderer Weg zu diesem Ziel ist bis jetzt jedenfalls nicht gefunden und allgemeinhin in einem ganz bestimmten Sinn sogar ausgeschlossen (vgl. Vorl. 9/10, Nr. 12). Nur das Axiom der Auswahl gestattet uns, zwar nicht eine solche Auswahlmenge zu konstruieren, wohl aber die Existenz einer solchen zu behaupten. Dieser Charakter des Auswahlaxioms als eines reinen Existenzaxioms wird vielleicht in negativer Fassung am deutlichsten, wenn man es etwa so ausspricht: Die Annahme, daß unter den Teilmengen von $\mathfrak{S}M$ gerade solche Teilmengen fehlen, die mit jedem Element von M ein einziges Element gemeinsam haben, wird ausgeschlossen — auch dann, wenn diese Annahme sich nicht schon direkt widerlegen läßt, indem man nämlich derartige Teilmengen von M nach dem A. d. Aussonderung konstruiert. Überhaupt wird man dem existentialen Charakter des Auswahlaxioms wohl am besten gerecht durch die folgende Formulierung, die selbst vom intuitionistischen Standpunkt aus (Vorl. 4) annehmbar sein mag und andererseits den modernen Anschauungen HILBERTS entspricht: der Beweis eines mathematischen Satzes unter Mitbenutzung des Auswahlaxioms ist *eine Bekräftigung der Aussichtslosigkeit jedes Versuchs, das Gegenteil des betreffenden Satzes nachzuweisen.*

Vielleicht dient der Klärung auch die folgende handgreifliche Bemerkung, die im wesentlichen auf Poincaré 4 (S. 177) zurückgeht: Es sei eine Menge von abgezählt unendlich vielen, verschieden gearbeiteten *Stiefelpaaren* gegeben, die sich also von einander unterscheiden lassen; in jedem Paar ist natürlich der linke Stiefel verschieden vom rechten angefertigt. Dann existiert die Menge aller *linken* Stiefel (als Teilmenge der Menge *aller* Stiefel) nach dem A. d. Aussonderung, da diese Stiefel charakterisiert sind durch die Eigenschaft $\mathfrak{E}$, als linke Stiefel gearbeitet zu sein. Man kann daher z. B. die Äquivalenz der Menge aller Stiefel*paare* mit der Menge aller *einzelnen* Stiefel derart beweisen, daß man das erste Paar dem rechten Stiefel des ersten Paares, das zweite Paar dem linken Stiefel des ersten Paares, das dritte Paar dem rechten Stiefel des zweiten Paares zuordnet usw. Liegen dagegen statt der Stiefelpaare abzählbar unendlich viele *Strumpfpaare* vor, so ist infolge einer hygienisch höchst bedauerlichen Fabrikationsgepflogenheit der rechte Strumpf von dem linken nicht zu unterscheiden; daher bedarf man in diesem Fall des Axioms der Auswahl, um die Existenz einer Menge von Strümpfen zu sichern, die von jedem Paar nur einen einzigen Strumpf enthält. Man kann dann ohne das Auswahlprinzip auch nicht beweisen, daß die Menge *aller* Strümpfe zu der Menge aller *Paare* von Strümpfen äquivalent ist. Schließlich sei hier noch auf eine von dem Gegensatz „Konstruktion — Existentialaussage" abweichende, aber verwandte Unterscheidung von grundsätzlicher Wichtigkeit aufmerksam gemacht, für die wiederum das Auswahlaxiom eine hervorragende Rolle spielt. Um einer Definition — innerhalb oder außerhalb der Mathematik — richtigen Wert zu geben, hat man (vgl. Vorl. 3/4, Nr. 10) vor allem die Existenz von Gegenständen oder Begriffen nachzuweisen, die unter die Definition fallen. Dies geschieht in der Regel durch Angabe eines *Beispiels*, das die Merkmale der Definition besitzt. Ein solches Beispiel muß nicht unter allen Umständen konstruktiv gegeben werden; der Nachweis mag sich unter Umständen eines nicht-prädikativen Verfahrens (Vorlesung 3/4, Nr. 2) bedienen oder es kann sogar durch einen reinen Existenzbeweis zunächst nur überhaupt das Vorhandensein *irgendwelcher* Begriffe mit den gewünschten Merkmalen gezeigt werden, während man unabhängig davon findet, daß *höchstens ein* Begriff dieser Art denkbar ist. Auch in diesem Fall ist wie vorher ein einziger bestimmter Vertreter des definitionsgemäßen Typus, ein „Beispiel", festgelegt.

Es kommt indes auch vor, daß es zwar unmöglich wird, ein *bestimmtes* Beispiel mit den gewünschten Eigenschaften anzugeben, daß man aber *überhaupt irgendwelche* unter die Definition fallende Begriffe als vorhanden nachweisen kann. Z. B. läßt sich aus den beiden Tatsachen, daß die Mächtigkeit des Kontinuums größer ist als $\aleph_0$ (Vorl. 1/2, Nr. 5) und daß das Kontinuum (nach dem Wohlordnungssatz) wohlordnungsfähig ist, unmittelbar folgern, daß das Kontinuum Teilmengen besitzen muß, deren Kardinalzahl dem zweitkleinsten Alef $\aleph_1$ gleich ist (Vorl. 1/2, Nr. 9). Beim heutigen Stand der Wissenschaft kennt man indes keine solchen Teilmengen, kann also nicht etwa eine einzelne angeben. In der Regel[11]) stützen sich (vgl. Sierpiński 2) solche

---

11) Es gibt freilich auch andere Fälle, wo die existentiale Anwendung

Beweise für die Existenz von Begriffen vorgeschriebener Art, die nicht die Angabe eines Beispiels gestatten, entscheidend auf das Auswahlaxiom (oder auf das analoge Schlußverfahren für den Fall einer endlichen Ausgangsmenge, vgl. Beginn dieser Nr.). In der Tat ist ja das Auswahlaxiom vorbildlich für diesen Fall: es behauptet die Existenz von Teilmengen der Vereinigungsmenge $\mathfrak{S} M$ mit der im Axiom ausgedrückten Eigenschaft, ohne doch unter allen derartigen Teilmengen eine einzige auszuzeichnen. Begreiflicherweise werden Intuitionisten selbst gemäßigter Form Existenzbeweisen der letzten Art ihren Wert absprechen und nur die Konstruktion bestimmter Beispiele im erstgenannten Sinn gelten lassen (vgl. z. B. Lebesgue); aber auch der Vertreter der entgegengesetzten Anschauung wird die Sonderbedeutung einer solchen Konstruktion nicht leugnen.[12])

8. Die Bedeutung des Auswahlaxioms in der Mathematik und seine Geschichte. Nach dieser Erörterung des *Wesens* des Auswahlaxioms gehen wir dazu über, seine Wesentlichkeit und Bedeutung innerhalb und auch außerhalb der Mengenlehre uns klarzumachen. Es liegt nahe, diese Bedeutung zu unterschätzen angesichts der Tatsache, daß die wesentliche Behauptung des Auswahlaxioms zum erstenmal zu Beginn dieses Jahrhunderts ausgesprochen wurde, zu einer Zeit also, da die Mengenlehre als eine umfangreiche und anerkannte Disziplin längst existierte. Indes ist das Axiom schon lange vor seiner Formulierung stillschweigend vorausgesetzt worden als eine selbstverständliche Tatsache, von deren Benutzung man sich gar keine Rechenschaft gab; an vielen Stellen auch schon der einfachsten und grund-

---

des tertium non datur verantwortlich ist, wie z. B. in Hilberts „theologischem" Nachweis eines endlichen Invariantensystems.

12) Eine Art Zwischenstellung zwischen beiden Möglichkeiten nimmt der Fall ein, wo (ohne das Auswahlaxiom) die Herstellung eines wohlbestimmten Begriffs gelingt, aber sich erst mittels des Auswahlaxioms nachweisen läßt, daß dieser Begriff die Merkmale der fraglichen Definition besitzt und somit ein Beispiel darstellt. Vgl. Fußnote 16, S. 93.

legenden Gedankengänge der Mengenlehre, übrigens auch in anderen Zweigen der Mathematik (vgl. z. B. Steinitz, S. 170 und 286 f., sowie mehrere Beispiele in Sierpiński 1), ist das Auswahlaxiom ein, wie es scheint, unentbehrliches Beweishilfsmittel. Es ist also, wenn es nicht mittels anderer Axiome beweisbar ist (vgl. Vorl. 9/10, Nr. 12), und wenn man nicht die Mengenlehre durch Amputation vieler wichtigster Teile radikal einengen will, den Prinzipien der Mathematik hinzuzurechnen, die die Grundlage für die aus ihnen deduktiv herzuleitenden mathematischen Wissensgebiete bilden; nach HILBERT (Hilbert 4, S. 152) beruht es auf „einem allgemein logischen Prinzip, das schon für die ersten Anfangsgründe des mathematischen Schließens notwendig und unentbehrlich ist".

Es mag genügen, drei charakteristische Stellen für die Verwendung des Auswahlaxioms in der Mengenlehre aufzuweisen.[13]

Zunächst liefert, wie wir in Nr. 6 sahen, erst das Auswahlaxiom den Satz (mit dem es im Grunde identisch ist): Ein Produkt von Mengen reduziert sich *nur dann* auf die Nullmenge, wenn unter den Faktoren die Nullmenge vorkommt.

Weiter sei an das Rechnen mit Kardinalzahlen erinnert, z. B. an ihre Addition (Vorl. 1/2, Nr. 6). Um die Summe gegebener Kardinalzahlen $\mathfrak{m}, \mathfrak{m}'$ usw. zu bilden, dachten wir uns zu jeder Kardinalzahl $\mathfrak{m}, \mathfrak{m}'$ usw. je eine Menge m, m' usw. von dieser Kardinalzahl (und zwar so, daß diese Mengen paarweise elementefremd waren) und bildeten die Vereinigungsmenge all dieser Mengen; die Kardinalzahl dieser Vereinigungsmenge wurde als die Summe der gegebenen Kardinalzahlen definiert. Diese Summe ist aber von der Wahl der einzelnen Mengen m, m' usw. (als Vertrete-

---

[13] Für eine umfassende Übersicht über solche Stellen innerhalb und außerhalb der Mengenlehre sowie für eine Besprechung der Frage, ob das Auswahlaxiom an diesen Stellen unvermeidlich ist, vergleiche man Sierpiński 1. Hervorgehoben sei außer den oben im Text anzuführenden Stellen noch der Beweis der Gleichwertigkeit der naiven und der DEDEKINDschen Definition für endliche und unendliche Mengen (vgl. Vorl. 9/10, Nr. 6).

Die Axiome der Mengenlehre

rinnen der Kardinalzahlen) nur deshalb unabhängig, weil offenbar *bei verschiedenen Arten der Wahl jener Mengen stets die Vereinigungsmengen äquivalent, also von gleicher Kardinalzahl sind;* dieser Satz macht also die Addition von Kardinalzahlen erst möglich (und Entsprechendes gilt für ihre Multiplikation). Zum Beweise dieses Satzes schließlich, wonach man statt m eine beliebige äquivalente Menge n, ebenso statt m' eine äquivalente Menge n' verwenden darf usw., muß man in leicht verständlicher Weise den Inbegriff von (im allgemeinen Fall unendlich vielen) einzelnen Abbildungen heranziehen, nämlich je einer *beliebigen* Abbildung zwischen je zwei äquivalenten Mengen m und n, m' und n' usw. Wir haben also jeweils aus der Menge[14]) aller möglichen Abbildungen zwischen je zwei äquivalenten Mengen m, n usw. gleichzeitig je eine einzige Abbildung „auszuwählen" und den Inbegriff der gewählten Abbildungen zu bilden; dieser Inbegriff ist im Sinn unseres Axioms eine Auswahlmenge der Menge, deren Elemente die Mengen aller Abbildungen zwischen den Paaren äquivalenter Mengen m, n usw. sind. Existierte *keine* solche Auswahlmenge, so wäre schon die Addition von Kardinalzahlen im allgemeinen unmöglich. *Das Rechnen mit Kardinalzahlen — und genau entsprechend das Rechnen mit Ordnungstypen und Ordnungszahlen — stützt sich also auf das Auswahlaxiom als wesentliche Grundlage.*

Das letzte Beispiel behandle den Platz, wo das A. d. Auswahl am deutlichsten in Erscheinung tritt und auch historisch zum erstenmal ausdrücklich formuliert wurde: den Beweis des Wohlordnungssatzes (vgl. Zermelo 1 und 2). Der Nerv des Beweises für die Wohlordnungsfähigkeit einer beliebigen Menge M (Vorlesung 1/2, Nr. 9) ist in beiden Arbeiten die Zugrundelegung einer Auswahl ausgezeichneter Elemente in sämtlichen von 0 verschiedenen Teilmengen von M; d. h. die Zugrundelegung einer

---

14) Die Menge aller möglichen Abbildungen zwischen zwei gegebenen äquivalenten Mengen erweist sich auf Grund unseres Axiomensystems als existierend; vgl. Vorl. 7/8, Nr. 9.

Auswahlaxiom, Wohlordnungssatz und Vergleichbarkeitssatz

„Auswahlmenge" der Menge $\mathfrak{U}M - \{\,0\,\}$, wenn dieser Ausdruck wie im Auswahlaxiom, nur ohne die beschränkende Annahme der Elementefremdheit verstanden wird. Ohne diese Grundlage erscheint ein Beweis des Wohlordnungssatzes gar nicht denkbar, und auch der Satz von der Vergleichbarkeit beliebiger Mengen oder Kardinalzahlen (Vorl. 1/2, Nr. 9) ruht demnach ganz und gar auf dem Fundament des Auswahlaxioms. Ja, noch mehr: Auswahlaxiom und Wohlordnungssatz sind geradezu *gleichwertig* in dem Sinn, daß nicht nur dieser aus jenem, sondern auch umgekehrt jenes aus diesem folgt. In der Tat: soll — um einen einfachen Fall zu betrachten — eine Auswahlmenge für die Potenzmenge $\mathfrak{U}M$ einer beliebigen Menge M angegeben werden und wird eine beliebige Wohlordnung von M zugrunde gelegt und festgehalten, so kann man (wie in Beispiel 2 der vorigen Nr.) eine einfache Regel angeben, durch die in jedem Element von $\mathfrak{U}M$, d. h. in jeder Teilmenge von M (außer 0), ein bestimmtes Element eindeutig ausgezeichnet wird: Durch die zugrunde gelegte Wohlordnung wird nämlich M (nach Vorl. 1/2, Nr. 8) derart geordnet, daß jede Teilmenge ein erstes Element besitzt; man kann daher festsetzen: in jeder Teilmenge von M soll das erste Element als ausgezeichnetes ausgewählt werden. Hiermit ist eine Eigenschaft von der beim A. d. Aussonderung besprochenen Art gefunden, die zu jeder Teilmenge von M ein ausgezeichnetes Element eindeutig charakterisiert. Zu $\mathfrak{U}M$ und jeder Teilmenge hiervon existiert also (mindestens) eine Auswahlmenge, ohne daß man sich zu deren Sicherung auf das Auswahlaxiom zu berufen brauchte. Dieses Axiom ist also im angegebenen Fall — und ähnlich in jedem anderen — *auf Grund des Wohlordnungssatzes beweisbar*, wie wir das nämliche in Vorl. 1/2, Nr. 9, auch für die Vergleichbarkeit der Mengen feststellten. Schließlich ist, wenn man den Satz von der Vergleichbarkeit der Mengen voraussetzt, auch auf dieser Grundlage sowohl das Auswahlprinzip wie der Wohlordnungssatz beweisbar (vgl. Hartogs). Auswahlaxiom, Wohlordnungssatz und Vergleichbarkeit der Mengen (oder Kardinalzahlen) sind also gleichwertige Prinzipien[15]), insofern als aus jedem von ihnen die beiden anderen (mittels der übrigen Axiome) deduktiv gefolgert werden können; es ist gleichgültig, welches von ihnen zu den Axiomen gerechnet wird, die beiden anderen erscheinen dann als beweisbare Sätze. Man wird naturgemäß unter jenen drei Prinzipien das Auswahlaxiom bevorzugen als das allgemeinste und einleuchtendste von jenen Prinzipien, das überdies nicht bloß der Mengenlehre, sondern der Mathematik bzw. Logik überhaupt angehört.

Bei der Anwendung des Auswahlaxioms zur Begründung des Wohlordnungssatzes und des Vergleichbarkeitssatzes zeigt sich freilich besonders scharf und unbequem der rein existentiale, nicht konstruktive Charakter des Axioms. Es wird genügen, dies an dem wichtigsten und am meisten besprochenen Beispiel auseinanderzusetzen, an der Frage der Wohlordnung des Kontinuums und dem *Kontinuumproblem*. Nimmt man nämlich für die im vorigen Absatz genannte Menge M das Kontinuum, also etwa die Menge aller reellen Zahlen, so folgt auf der Grundlage des Auswahlaxioms, daß das Kontinuum wohlgeordnet werden kann und seine Mächtigkeit c unter den Alefs, den Kardinalzahlen wohlgeordneter Mengen, vorkommt (vgl. Vorl. 1/2, Nr. 9); es ist also $c = \aleph_\alpha$, wo α eine (endliche oder unendliche) Ordnungszahl bezeichnet. Die Frage, *welche* Ordnungszahl hier für α zu setzen ist, *wo* unter den Alefs also die Mächtigkeit des Kontinuums vorkommt, stellt das Kontinuumproblem dar; CANTOR hat vermutet, daß $\alpha = 1$, d. h. $c = \aleph_1$ sei, daß also c als zweitkleinste unendliche Kardinalzahl auf die Kardinalzahl $\aleph_0$ der abzählbaren Mengen unmittelbar folge. Die seit Jahrzehnten immer wieder unternommenen Versuche, diese Behauptung zu beweisen oder zu widerlegen, sind indes gescheitert; wenn in der allerjüngsten Zeit von HILBERT ein Weg zum Beweis der CANTORschen Vermutung vorgezeichnet worden ist (vgl. Vorl. 3/4, Nr. 7), so ist doch die Frage damit

---

[15]) Für andere mit dem Auswahlaxiom gleichwertige Behauptungen (Kardinalzahlrelationen) vgl. Tarski 1.

noch keineswegs erledigt, u. a. weil einige ausschlaggebende tiefliegende Hilfssätze noch nicht bewiesen sind und, wie zu vermuten gestattet sei, ihrem Beweis auch noch sehr große Schwierigkeiten in den Weg legen werden. Die Sprödigkeit dieses Gegenstandes hängt damit zusammen, daß zwar die Existenz einer Wohlordnung des Kontinuums aus dem A. d. Auswahl folgt, nicht aber das Geringste über die Möglichkeit einer wirklichen Herstellung einer bestimmten Wohlordnung, geschweige denn über deren Art. Die Herstellung würde, wenn man dem Beweis des Wohlordnungssatzes folgen will, eine bestimmte Auswahl ausgezeichneter Elemente aus allen Teilmengen des Kontinuums voraussetzen; eine derartige Auswahl zu treffen ist aber, wie in Beispiel 3 der vorigen Nr. betont wurde, bisher nicht gelungen und mit den in der Mathematik üblichen Funktionen überhaupt nicht möglich, obgleich die Existenz einer solchen Auswahl durch das Auswahlaxiom gefordert wird und Ihnen gewiß auch sehr plausibel erscheint. Darin steckt durchaus kein Widerspruch; warum sollte, so fragt einmal HADAMARD, ein Gesetz gerade explizit *formulierbar* sein müssen, um zu *existieren*? Unsere Axiomatik sichert also die Wohlordnungsfähigkeit des Kontinuums und das Vorkommen seiner Kardinalzahl unter den Alefs, ohne jedoch zunächst eine nähere Bestimmung über beides zu gestatten oder auch nur die *Existenz* eines Verfahrens zum gewünschten Ziel behaupten zu wollen.[16]

Zum Schluß noch einiges über die Geschichte des Auswahlprinzips und über die früher und heute gegen es erhobenen Einwände! Hierbei können Auswahlprinzip und Wohlordnungssatz

---

[16] Man kann übrigens (vgl. Sierpiński 2) ohne Benutzung des Auswahlaxioms eine wohlgeordnete Menge M bilden, deren Kardinalzahl (gleichfalls ohne dieses Axiom) sich als *weder kleiner noch größer* als die des Kontinuums erweist, während die *Äquivalenz* zwischen M und dem Kontinuum nur unter Zuhilfenahme des Auswahlaxioms nachweisbar ist. M ist also (vgl. Fußnote 12) ein „Beispiel" einer wohlgeordneten Menge mit dem (unbekannten) Alef des Kontinuums als Mächtigkeit. Entsprechende Beispiele kann man bilden, wenn man statt vom Kontinuum von einer beliebigen Menge ausgeht.

auf Grund ihrer Gleichwertigkeit offenbar gemeinsam und wechselweise behandelt werden.

Wie die ersten zwei auf S. 89f. geschilderten Beispiele zeigen, ist das Auswahlprinzip stillschweigend zum mindesten seit dem Anfangsstadium der Mengenlehre — im Grunde auch schon vorher in Beweisen der Analysis — benutzt worden, übrigens außer von CANTOR auch von vielen anderen Forschern. An der Verwendung des Prinzips, wie es etwa bei CANTOR in den angeführten (und anderen) Fällen auftrat, hat niemand Anstoß genommen. Daß in derartigen Beweisen überhaupt ein besonderes Prinzip zur Verwendung kommt, dürfte zuerst BEPPO LEVI 1902 ausgesprochen haben (vgl. Zermelo 2). Aber erst durch den weittragenden Gebrauch, den ZERMELO (auf Anregung von ERHARD SCHMIDT) bei seinem ersten Beweis des Wohlordnungssatzes 1904 vom Auswahlprinzip gemacht hat (Zermelo 1), ist die Aufmerksamkeit weiterer Kreise auf es gezogen worden, und die Folge war in den nächsten Jahren eine wahre Flut kritischer Noten zu jenem Beweis, von denen viele eine mehr oder weniger ablehnende Haltung zum Auswahlprinzip einnahmen.[17] Die skeptische Haltung vieler Mathematiker gegenüber unserem Prinzip hat auch nach dem zweiten Beweis ZERMELOS und nach der vielfachen Anwendung des Wohlordnungssatzes innerhalb und außerhalb der Mengenlehre zwar abgenommen, aber keineswegs aufgehört. Soweit diese Bedenken sich auf einen mehr oder weniger intuitionistischen Standpunkt stützen, sind sie nur folgerichtig; namentlich hat für den Intuitionisten die Behauptung der Existenz einer Auswahlmenge ohne die Angabe eines Verfahrens zu ihrer Konstruktion keinen Sinn, und er wird dem-

---

[17] Die Argumente gegen den Wohlordnungssatz gründen sich zum Teil, in ihrer Art folgerichtig, auf die intuitionistische oder eine ihr nahestehende Anschauung, zum Teil aber auf die ungerechtfertigte, namentlich mit der Antinomie BURALI-FORTIS zusammenhängende Bedenken. Vgl. die scharfe und witzige Zurückweisung in Zermelo 2, worauf auch wegen der Literaturangaben verwiesen werde; von neueren einschlägigen Ausführungen seien die (gegen PEANOS Standpunkt sich richtenden) Bemerkungen bei Burali-Forti, S. 186ff., genannt.

gemäß alle vom A. d. Auswahl abhängigen Teile der Mathematik grundsätzlich ablehnen, so namentlich auch das allgemeine Rechnen mit Mächtigkeiten. Hingegen ist es für die nicht intuitionistisch gesinnten, großenteils selbst mengentheoretisch arbeitenden Gegner des Auswahlprinzips im Grunde *weniger dieses Prinzip selbst als seine Konsequenzen,* was sie zum Mißtrauen oder zur Ablehnung des Prinzips veranlaßte und veranlaßt. Die großen Schwierigkeiten, die sich der Wohlordnung des Kontinuums und der Lösung des Kontinuumproblems entgegenstellen, haben es vielen Mathematikern wahrscheinlich gemacht, daß das Kontinuum (und um so mehr allgemeinere Mengen) überhaupt nicht wohlordnungsfähig, ihre Mächtigkeiten also keine Alefs seien; CANTORS entgegengesetzte Überzeugung, die auch durch das Ausbleiben eines Beweises nicht erschüttert worden war, hat bei manchen mengentheoretisch arbeitenden Forschern und noch mehr bei vielen der Mengenlehre nur aus der Ferne gegenüberstehenden Mathematikern keineswegs suggestiv gewirkt. Als nun dennoch ZERMELO in seinen scharfsinnigen, aber wenig umfangreichen Noten die Wohlordnungsfähigkeit jeder Menge, also auch des Kontinuums, beweisen konnte, ohne jedoch ein Verfahren zur Durchführung der Wohlordnung und damit zur Bestimmung der zugehörigen Kardinalzahl anzugeben, da glaubte man vielfach, jene Beweise lieferten zu viel und müßten einen Fehlschluß enthalten. Für diejenigen aber, denen die Deduktion der Beweise unangreifbar schien (vgl. freilich S. 29), blieb nichts übrig, als die Grundlage der Beweise, nämlich das Auswahlprinzip, seiner allzu weittragenden Konsequenzen wegen mißtrauisch zu betrachten; dazu schien man um so eher berechtigt zu sein, als ja das Auswahlprinzip unter den bekannten und ausdrücklich formulierten Prinzipien der klassischen Mathematik nicht vorkam.

Demgegenüber ist zu betonen, daß die angeführten Bedenken bei klarer Betonung des Unterschieds zwischen Existenz (einer Auswahlmenge) und Angabe eines konstruktiven Verfahrens (zur Bestimmung der auszuwählenden Elemente) nicht haltbar sein dürften. Konkreter gesprochen: daß ein Produkt von Mengen, die sämtlich wirklich Elemente enthalten, *mindestens einen* Komplex aufweist und sich nicht auf die Nullmenge reduziert, dürfte logisch und anschauungsmäßig unzweifelhaft auch dann erscheinen, wenn die Angabe eines solchen Komplexes unauflösbare Schwierigkeiten bereiten solle. Dieses logische Prinzip hat wohl mindestens den gleichen Charakter von Evidenz und Denknotwendigkeit, wie man sie manchen anderen, für die Grundlegung der Arithmetik, Analysis oder Geometrie unentbehrlichen Axiomen zuzuerkennen pflegt; es ist denn auch von einem den intuitionistischen Ideen so nahestehenden Denker wie POINCARÉ gebilligt worden. Mit dem gleichen Recht also, mit dem man das Auswahlaxiom verwirft, könnte man willkürlich andere wesentliche Grundprinzipien ablehnen und so wichtige Teile der Mathematik künftig aus ihr verbannen. Schließlich ist jedes andere, noch so fruchtbare und unentbehrliche mathematische Prinzip auch irgendwann *zum erstenmal* formuliert worden, und zwar in der Regel *nach* seiner stillschweigenden Verwendung; man kann die in dieser Weise sich vollziehende Entwicklung der Wissenschaft nicht, wie es in der Linie gewisser Einwände gegen das Auswahlaxiom läge, plötzlich vom Jahre 1903 an verbieten, solange nicht im Einzelfall tatsächliche Widersprüche die Legitimation zu einem derartigen Verbot liefern. Man ist denn auch tatsächlich zum Auswahlprinzip in der gleichen Weise wie zu den anderen mathematischen Axiomen gelangt: indem man die Schlüsse, die in der Mathematik sich vorfanden und deren ursprüngliche Entstehung auf vielfach intuitivem Weg mehr psychologisch und historisch als logisch zu werten ist, nachträglich analysierte und dabei eben jene Axiome und Prinzipien herausschälte. Auf solchem Wege kam die griechische Mathematik dazu, das Parallelenaxiom unter die Grundpfeiler des geometrischen Gebäudes aufzunehmen; so wenig man seit der Zeit, da die Unbeweisbarkeit des Parallelenaxioms und damit dessen rein axiomatisch-hypothetischer Charakter nachgewiesen wurde, die von ihm abhängigen Teile der Geometrie etwa beseitigt oder auf den weiteren Ausbau dieser „euklidischen" Geometrie verzichtet hat, ebensowenig wäre ein solches Verfahren in der Mengenlehre bezüglich des Auswahlaxioms gerechtfertigt, mag auch dieses gleichfalls ein neues und mit den bisherigen Hilfsmitteln unbeweisbares Prinzip darstellen.

Wenn man hiernach, sofern man nicht den intuitionistischen Standpunkt einnehmen will, dem Auswahlaxiom die Gleichberechtigung mit anderen Prinzipien zuerkennen wird, so ist es doch von Interesse, seine Verwendung einzuschränken, d. h. möglichst viele Tatsachen ohne Benutzung des Axioms zu beweisen. Man lernt so unterscheiden, welche Teile der Mengenlehre und der Mathematik überhaupt von den reinen Existenzprinzipien des Auswahlaxioms und des Wohlordnungssatzes abhängig sind und welche nicht, wie ja auch der Geometer seine Aufmerksamkeit der Frage widmet, welche Teile der Geometrie ohne das Parallelenaxiom behandelt werden können und somit in der euklidischen wie in den nichteuklidischen Geometrien gleichmäßig gültig sind.

III. Absolutes Existenzaxiom.

9. **Absolutes Existenzaxiom.** Die bisherigen Axiome reichen, obgleich sie bereits alle wesentlichen Schlußweisen der Mengenlehre enthalten oder ermöglichen, doch noch keineswegs hin, um die Mengenlehre zu sichern. Sie stellen ein System dar, das einem wohnlich ausgestatteten Hause gleicht, welches von niemandem bewohnt wird. Sie sichern nämlich noch gar nicht die Existenz von Mengen. In der Tat sagt Axiom I überhaupt nichts über die Existenz von Mengen aus, während alle folgenden Axiome zwar die Existenz gewisser Mengen behaupten, aber immer nur unter der Voraussetzung, daß gewisse andere Mengen schon vorliegen. Alle Axiome sind also in trivialer Weise erfüllt, wenn es überhaupt keine Mengen gibt. Wir bedürfen also noch eines *absoluten* Existenzaxioms, das sich nicht auf die Voraussetzung der Existenz irgendwelcher Mengen stützt. Die einfachste überhaupt denkbare Form eines solchen Axioms wäre die folgende:

Axiom VIIa. *Es existiert mindestens eine Menge.*

Diese Fassung genügt in der Tat, um die *allgemeine* Mengenlehre, die es nur mit der Bildung und den Eigenschaften der Mengen im allgemeinen, nicht aber mit speziellen Mengen zu tun hat, im wünschenswerten Ausmaß zu sichern. Namentlich ist nunmehr die Voraussetzung des Satzes 1 (Nr. 6) erfüllt, dieser Satz also ebenso wie die Sätze 2 und 3 stets zutreffend. Im übrigen bildet das System der Axiome I—VIIa eine *allgemein* brauchbare Grundlage, gleichgültig ob es nur endliche oder neben ihnen[18]) auch unendliche Mengen gibt. Im ersten Fall wären allerdings, wie leicht einzusehen ist (vgl. auch Vieler), die meisten der bedingten Existenzaxiome nicht erforderlich, vielmehr mittels der übrigbleibenden beweisbar. Eine derartige Vereinfachung des Axiomensystems der allgemeinen Mengenlehre kommt aber naturgemäß nicht in Betracht, da dieses System unabhängig davon sein muß, ob unendliche Mengen existieren oder nicht.

Indessen läßt sich die Existenz *unendlicher* Mengen, denen ja in der Mengenlehre das wesentliche Interesse zukommt, mittels unserer Axiome nicht *nachweisen;* d. h. es läßt sich mit den bisherigen Mitteln der Fall nicht *ausschließen,* daß etwa alle der Betrachtung unterliegenden Mengen endlich sind. In der Tat erkennt man ja auf Grund der CANTORschen Anschauungen sofort: geht man nur von endlichen Mengen aus, sind also die in den Voraussetzungen der einzelnen Axiome auftretenden Mengen endlich (und im A. d. Vereinigung auch die Elemente von *m* endlich), so sind die durch die Axiome geforderten Mengen wiederum endlich. Man gelangt also, von endlichen Mengen ausgehend, nie aus dem Kreise der endlichen Mengen heraus.

Um mit Sicherheit auch unendliche Mengen zu umfassen, hat daher ZERMELO in einem absoluten Existenzaxiom die Existenz unendlicher Mengen gefordert (Zermelo 3). Es genügt dabei, die Existenz einer abzählbar unendlichen Menge (wie z. B. der

---

18) Die Existenz endlicher Mengen ist ja jedenfalls durch die Sätze 1/2 in Nr. 6 gesichert.

Axiom des Unendlichen

Menge der natürlichen Zahlen) zu sichern; die abzählbaren Mengen stellen ja jedenfalls sowohl mathematisch (S. 6) wie auch psychologisch den einfachsten Typ unendlicher Mengen dar. Vom axiomatischen Standpunkt aus, demzufolge alle Begriffe aus den Grundbegriffen der Axiomatik abzuleiten sind, darf natürlich weder der Begriff einer abzählbaren Menge noch der einer unendlichen Menge überhaupt vorausgesetzt werden. Die darin liegende Schwierigkeit ist leicht zu umgehen. Das für unseren Zweck allein wesentliche Merkmal der Menge der natürlichen Zahlen liegt nämlich darin, daß sie erstens eine „ausgezeichnete" Zahl (die Eins) aufweist und zweitens zu jeder natürlichen Zahl n auch die eindeutig bestimmte und von allen übrigen Zahlen verschiedene „nächstfolgende" Zahl $n + 1$ enthält, womit übrigens keine Ordnungsvorstellung verbunden zu werden braucht. Analog können wir in der Mengenlehre als ausgezeichnete Menge die Nullmenge, als durch eine beliebige Menge m eindeutig bestimmt die Menge $\{m\}$ wählen. Das Axiom, das zwecks Sicherung spezieller Mengen — nämlich unendlicher Mengen — an Stelle des Axioms VII a zu treten hat, besagt somit:[19]

Axiom VII b (Axiom des Unendlichen). *Es existiert überhaupt eine Menge, und zwar mindestens eine Menge Z von folgenden beiden Eigenschaften: die Nullmenge ist Element von Z, und falls m ein beliebiges Element von Z ist, so ist auch $\{m\}$ Element von Z.*

Die Existenz der Nullmenge sowie der Mengen mit einem einzigen Element wird nicht etwa durch dieses Axiom gefordert, sondern sie ist, da der Beginn des Axioms die Existenz von Mengen (ebenso wie vorher Axiom VII a) jedenfalls sichert, eine Folge der Sätze 1 und 2 (Nr. 6). Es läßt sich zeigen (vgl. Zermelo 3, Nr. 14; Fraenkel 6, Nr. 29), daß aus Axiom VII b die

---

19) Zu einem derartigen Axiom vergleiche man Chwistek 2 (von seinem typentheoretischen Standpunkt). Natürlich könnte Axiom VII b auch von vornherein auf die Postulierung *abzählbar* unendlicher Mengen beschränkt werden; von unserem Standpunkt aus wäre dies aber eine unnötige und unschöne Spezialisierung.

Existenz einer eindeutig bestimmten „*kleinsten*" Menge von den beiden angegebenen Eigenschaften folgt, d. h. einer dem Axiom genügenden Menge Z_0, die *Teilmenge jeder derartigen Menge Z ist*. Z_0 enthält nur die Elemente o, {o}, {{o}}, {{{o}}} usw. und stimmt somit, da all diese Elemente untereinander verschieden sind, abgesehen von der Form der Schreibweise mit der Menge der natürlichen Zahlen {1, 2, 3, ...} völlig überein.

Eine schärfere Prüfung ergibt, daß die Sicherung spezieller Mengen auch durch die zweite Fassung des Axioms noch nicht in genügendem Maße bewirkt wird. Man kann in der CANTORschen Mengenlehre gewisse sehr umfassende Mengen bilden, deren Existenz im axiomatischen Sinn durch die vorstehenden Axiome noch nicht verbürgt ist. Eine sehr einfache Menge dieser Art, der sich andere leicht an die Seite stellen lassen, erhält man z. B. folgendermaßen: Z_0 sei die oben eingeführte (abzählbare) Menge; ihre Potenzmenge $\mathfrak{U}Z_0$, d. i. im wesentlichen das Kontinuum (vgl. Vorl. 1/2, Nrn. 5 f.), werde mit Z_1 bezeichnet, ebenso $\mathfrak{U}Z_1 = Z_2$, $\mathfrak{U}Z_2 = Z_3$ gesetzt usw. Dann kann man, wie leicht zu zeigen ist, auf Grund unserer Axiome noch nicht die Existenz der (abzählbaren) Menge $\{Z_0, Z_1, Z_2, Z_3, \ldots\} = Z$ sichern, um so weniger die Existenz der Vereinigungsmenge $\mathfrak{S}Z$, die eine größere Kardinalzahl besitzt als irgendein Element von Z. Um auch derartige überaus umfassende Mengen zu sichern, die übrigens vorläufig nur theoretisch, nicht aber für die Anwendungen der Mengenlehre von Interesse sind, muß man das Axiom VIIb durch ein noch weitergehendes ersetzen oder ergänzen. Die Formulierung eines solchen Axioms, die uns auf dem gegenwärtigen Standpunkt noch Schwierigkeiten bereiten würde, soll vorläufig zurückgestellt werden, bis wir in der nächsten Vorlesung das Axiom der Aussonderung auf eine völlige scharfe Fassung gebracht haben (vgl. Vorl. 7/8, Nr. 4).

10. Die Frage der Festlegung des axiomatischen Mengenbegriffs durch ein abschließendes Axiom. Die Aufstellung der Axiome werde abgeschlossen durch eine flüchtige Bemerkung über die Möglichkeit, ein letztes Axiom von ganz anderem Charakter als alle übrigen[20]) hinzuzufügen. Auf Grund der Axiome läßt sich noch nicht entscheiden, ob es z. B. Mengen gibt, die sich selbst als Element enthalten (vgl. etwa das RUSSELLsche Paradoxon; Vorl. 1/2, Nr. 10). Demnach läßt sich mit dem vorstehenden Axiomensystem ebensowohl eine Deutung des Grundbegriffs „Menge" vereinen, bei der eine Menge Element ihrer selbst sein kann, wie auch die entgegengesetzte Annahme mit den Axiomen verträglich ist. Die Axiome legen also den Mengenbegriff sicherlich nicht in unzweideutiger Weise fest.

Etwas anschaulicher wird dies vielleicht durch folgende Überlegung. Man denke sich eine Menge m, unter deren Elementen eine Menge m_1 vorkommt, die wiederum u. a. ein Element m_2 enthält usw., so daß für jede natürliche Zahl k gilt: $m_{k+1} \, \varepsilon \, m_k$. Man gelangt also beim Übergang von der Menge m zu ihren Elementen, dann zu den Elementen ihrer Elemente usw. niemals notwendig zu einem innersten „Kern", wie viele Schritte des Verfahrens man immer ausführen mag. Im besonderen liegt dieser Fall z. B. vor, wenn m sich selbst als Element enthält, wenn also $m = \{m, a, b, \ldots\}$; das ist eine offensichtlich nicht-prädikativ organisierte Menge, die aber als Allgemeintypus nicht etwa widerspruchsvoll zu sein braucht.[21]) Die Existenz solcher und ähnlicher — jedenfalls nicht allzu sympathischer — Mengen ist auf Grund unserer Axiome nicht *ausgeschlossen*, noch viel weniger freilich etwa *gesichert*.

Es bedeutet mehr als einen bloßen Schönheitsfehler in unserem Axiomensystem, daß demgemäß die Gesamtheit aller möglichen Mengen nicht eindeutig festgelegt ist, sondern immer noch engere und weitere Deutungen des Mengenbegriffs mit dem Axiomensystem verträglich bleiben. Während z. B. in der Geometrie oder in der Arithmetik die axiomatische Methode eine im formalen Sinn *vollständige* Festlegung der Begriffe „Punkt"

---

[20]) Vgl. Geiger, S. 111 und 265ff., wo derartige Axiome als „Postulate" bezeichnet werden.
[21]) Ausführliche Betrachtungen hierzu bei Mirimanoff 1 und 2, wozu noch Sierpiński 4 zu vergleichen ist.

oder „Zahl" gestattet und damit einen sozusagen vollwertigen Ersatz einer *Definition* dieser Begriffe liefert, reichen unsere Axiome offenbar nicht aus, um dasselbe für den Mengenbegriff zu erzielen (vgl. auch Vorl. 9/10, Nr. 7). Wenn es überhaupt möglich sein sollte, diesen Mangel bei einem wie immer gearteten axiomatischen Aufbau der Mengenlehre zu vermeiden, so müßte dies im vorliegenden Fall wohl in der Weise geschehen, daß der Mengenbegriff *so enge beschränkt wird, als es mit den vorstehenden Axiomen I—VII* (und Axiom VIII, siehe Vorl. 7/8, Nr. 2) *überhaupt verträglich erscheint.* Das läuft darauf hinaus, daß als Ausgangspunkt die Nullmenge festgesetzt wird, die so als ursprünglicher Baustein, als letzter „Kern" aller Mengen dient, und daß dann nur solche Mengen zulässig sind, die aus der Nullmenge und den durch Axiom VIIb geforderten Mengen durch beliebige, aber natürlich endlichmalige Anwendung der einzelnen Axiome hervorgehen. Eine derartige Einschränkung des Mengenbegriffs würde erreicht durch eine Forderung folgender Art:

Axiom der Beschränktheit. Außer den durch die Axiome II bis VII (bezw. VIII) geforderten Mengen existieren keine weiteren Mengen.

Ob indes einer solchen Forderung, deren Wortlaut sich leicht verschärfen läßt, überhaupt ein einwandfreier Sinn zukommt, ist sehr zweifelhaft[22]) (man vgl. hierzu Fraenkel 2 und Finsler, besonders aber v. Neumann 2). Wenn die Forderung zulässig sein sollte,

---

22) Man hat nämlich sehr ernst mit der Eventualität zu rechnen, daß die dem Umfang nach verschiedenen möglichen Realisierungen des Axiomensystems *nicht* einen kleinsten gemeinsamen Teilbereich aufweisen, in dem gleichfalls sämtliche Axiome befriedigt würden. Auch die vorher gegebene Vorschrift zur „Konstruktion" eines derartigen kleinsten Bereichs (und damit eines engsten Umfangs des Mengenbegriffs) braucht nicht ein eindeutiges Ergebnis zu liefern, da die Axiome IV—VI ihrerseits gar keinen rein konstruktiven Charakter besitzen. Es liegt hier ein ernstes und noch nicht erschöpfend geklärtes Problem vor, aus dem sich vielleicht die Naturnotwendigkeit einer gewissen „Uferlosigkeit" und (sozusagen an den Grenzen) auch einer gewissen „Verschwommenheit" des gerade noch legitimen Mengenbegriffs erweisen wird.

so würde sie ein Gegenstück inversen Charakters zu dem für die Arithmetik wie für die Geometrie gleich bedeutungsvollen *Vollständigkeitsaxiom* HILBERTS darstellen, das den Umfang der existierenden Dinge (Zahlen, Punkte usw.) soweit *ausdehnt*, als es mit der Gesamtheit der Axiome irgend verträglich ist.[23])

Siebente und achte Vorlesung.

Verschärfung des Aussonderungsaxioms. Allgemeines und Historisches zum Axiomensystem. Theorie der Äquivalenz.

Einführung eines Funktionsbegriffes und Verschärfung des Axioms der Aussonderung.

1. **Die Notwendigkeit der Ausmerzung des Eigenschaftsbegriffs.** Aus dem in den letzten Vorlesungen entwickelten Axiomensystem kann man, wie wir bald (von Nr. 8 an) wenigstens in den Umrissen zeigen werden, alle wesentlichen Teile der klassischen Mengenlehre CANTORS deduktiv ableiten, ohne also den formal eingeführten (nämlich nur durch die Axiome bestimmten) Grundbegriffen „Menge" und „Element sein" eine inhaltliche Bedeutung beilegen zu müssen. Sind somit die Axiome weit genug gefaßt, um den unanstößigen Schlüssen der Mengenlehre Raum zu bieten, so umgrenzen sie auf der anderen Seite — im Gegensatz zu der allzu weiten und losen Mengendefinition CANTORS — den Begriff der Menge in hinreichend enger und scharfer Weise derart, daß zum mindesten die *bisher* bekannten Antinomien in der so axiomatisierten Mengenlehre von selbst ausgeschlossen

---

23) Vgl. Hilbert 1, S. 22 und 240; Loewy, S. 186f.; Geiger, S. 265ff. Axiomen oder „Postulaten" von diesem eigentümlichen Charakter kommt vom axiomatischen Standpunkt aus eine besondere Bedeutung zu, und die daran z. B. bei Dingler 2, S. 87, geübte Kritik wird an Hand einer sorgfältigen Einzeldurchführung (wie etwa bei Loewy, a. a. O.) leicht als unberechtigt erkannt.

bleiben (Nr. 5).[1]) Mit *einer* Einschränkung allerdings: hinsichtlich der in einer Axiomatik doppelt wichtigen lückenlosen Schärfe der Entwicklung, die auch aus dem täglichen Leben und aus der allgemeinen Logik nur völlig zweifelsfreie (namentlich umfangsdefinite) Begriffe zu übernehmen und anzuwenden gestattet, bietet unsere Axiomatik an einer entscheidend wichtigen Stelle einen Angriffspunkt; nämlich im Axiom der Aussonderung, wo der etwas quallenhafte Begriff „sinnvolle Eigenschaft" auftritt (S. 75). Der Ausmerzung dieser wunden Stelle gelten unsere nächsten Überlegungen.

Bis in die allerletzte Zeit hat man sich etwa mit folgender „Definition" des hier vorkommenden Eigenschaftsbegriffs beholfen: Eine Eigenschaft $\mathfrak{E}(x)$, über deren Gültigkeit oder Ungültigkeit für jedes Element x einer Menge M die Grundbeziehungen der Axiomatik vermöge der Axiome und der allgemeingültigen logischen Gesetze ohne Willkür entscheiden, heißt „sinnvoll" für die Elemente von M. Es braucht wohl kaum hervorgehoben zu werden, daß hiermit vielmehr ein Hinweis als eine Definition gegeben ist, und daß die Berufung auf Willkürfreiheit und auf die logischen Gesetze zu gleichartigen Bedenken Anlaß gibt wie der allgemeine Eigenschaftsbegriff, zu Bedenken, die in der Ebene der Richardschen Paradoxie (Vorl. 1/2, Nr. 10) gelegen sind (vgl. z. B. Weyl 1, S. 40 ff.). Es muß daher, soll die Axiomatik vollen Wert erhalten, der Begriff der „sinnvollen Eigenschaft" aus ihr ausgeschieden bzw. auf eine exakte mathematische Definition zurückgeführt werden.

2. Der Funktionsbegriff und seine Einführung in das Aussonderungsaxiom. Um uns die Schwierigkeiten, die mit der mathematisch scharfen Formalisierung des Eigenschaftsbegriffs verknüpft sind, nach Möglichkeit zu erleichtern, beginnen wir mit einem ganz einfachen Beispiel, das uns den einzuschlagenden Weg andeuten soll. In der ersten Vorlesung (S. 13) war von

---

1) Von der Stellung der nicht-prädikativen Prozesse in der Axiomatik sowie von der etwaigen Möglichkeit des Auftretens neuer Widersprüche wird später die Rede sein (Nrn. 3 und 6 und Vorl. 9/10, Nr. 8).

Durchschnitt zweier oder mehrerer Mengen die Rede. Der Durchschnitt $[m, n]$ der Mengen m und n ist danach, umständlich gesprochen, *die Menge derjenigen Elemente x von m, die gleichzeitig Elemente von n sind,* d. h. *die der Beziehung $x \, \varepsilon \, n$ genügen.* Hiermit ist eine spezielle Teilmenge von m definiert, deren Bildung (ebenso wie die Bildung·viel allgemeinerer Teilmengen) uns das Axiom der Aussonderung jedenfalls gestatten soll. Wir wollen daher die neue Fassung dieses Axioms der obigen Konstruktion des Durchschnittes nachbilden, dabei aber noch den Begriff der *Funktion* verwenden.

Bekanntlich ist der Funktionsbegriff einer der grundlegenden und meist verwendeten Begriffe der Mathematik. Er wird keineswegs immer im gleichen Sinne gebraucht. Hier kann es sich nicht darum handeln, den Begriff der Funktion etwa aus anderen mathematischen Disziplinen vorauszusetzen und in unser Axiom einzuführen; das würde ja bedeuten, die Axiomatik der Mengenlehre — welche umfangreichen Teilen der Mathematik und etwa auch der Philosophie als Grundlage dienen soll — auf andere Disziplinen zu stützen, die umgekehrt vielmehr wesentlich der Hilfe der Mengenlehre bedürfen! Ebensowenig darf der Funktionsbegriff als undefinierte Grundrelation der Axiomatik eingeführt werden, weil damit der besondere Vorzug gerade unserer gegenwärtigen Axiomatik, nur der einen Grundrelation ε zu bedürfen, arg beeinträchtigt würde. Wir müssen also danach streben, den Funktionsbegriff innerhalb der Axiomatik zu *definieren,* also auf die Grundrelation ε zurückzuführen.

Um diese Definition des Funktionsbegriffs nicht unterbrechen zu müssen, beginnen wir mit der verschärften Fassung des Aussonderungsaxioms, in die der Funktionsbegriff eingeht, und holen dessen Erklärung alsdann nach. Nur bezüglich der *Schreibweise* der Funktionen sei im voraus bemerkt, daß wir sie im allgemeinen mit $\varphi(x)$, $\psi(x)$ usw. bezeichnen; hierbei bedeutet x (statt dessen auch y, z usw. geschrieben werden kann) eine unbestimmte oder veränderliche Menge (das „Argument" der Funktion in der üblichen Ausdrucksweise).

Verschärfung des Aussonderungsaxioms

Wir führen nun für das Axiom der Aussonderung statt der früheren Fassung (Axiom V) die folgende ein:

Axiom V'. (Axiom der Aussonderung.) *Ist m eine Menge und sind $\varphi(x)$ und $\psi(x)$ gegebene Funktionen einer Unbestimmten x, so existiert die Menge $\overline{m}$ aller derjenigen Elemente x von m, die der Relation $\varphi(x) \, \varepsilon \, \psi(x)$ genügen. Entsprechendes gilt, wenn statt der Grundrelation ε ihre Negation $\notin$* (Vorl. 5/6, Nr. 2) *eingesetzt wird.*

$\overline{m}$ soll als die durch die Relation $\varphi \, \varepsilon \, \psi$ bestimmte Aussonderungsmenge von m bezeichnet werden; wir schreiben $\overline{m} = m_{\varphi(x) \, \varepsilon \, \psi(x)}$, indem wir die charakteristische Relation als „Index" der Menge m anhängen, von der eine Teilmenge zu bilden ist.

Die sich so ergebenden Mengen $m_{\varphi(x) \, \varepsilon \, \psi(x)}$ bzw. $m_{\varphi(x) \, \notin \, \psi(x)}$ sind also die Mengen derjenigen Elemente x von m, für welche die Menge $\varphi(x)$ Element der Menge $\psi(x)$ bzw. nicht Element der Menge $\psi(x)$ ist. Beide Mengen sind somit Teilmengen von m.

Bei der obigen Konstruktion des Durchschnitts $[m, n]$, die jetzt nochmals zum Vergleich heranzuziehen sich empfiehlt, stand x bzw. die festgegebene (konstante) Menge n, wo im Axiom V' $\varphi(x)$ bzw. $\psi(x)$ gesetzt ist. Wir werden also, wie auch sonst in der Mathematik, als einfachste Funktionen einer Veränderlichen diese selbst sowie eine beliebige konstante Menge verstehen. Ferner sollen die Mengen, die durch die Prozesse der Axiome II, III und IV aus veränderlichen Mengen hervorgehen, als Funktionen dieser Veränderlichen bezeichnet werden, wie auch eine Funktion einer Funktion $\varphi(x)$ [$\varphi(x)$ an Stelle der Veränderlichen x eingesetzt!] wiederum eine Funktion von x heiße; m. a. W. es gelten die Vereinigungsmenge $\mathfrak{S}x$ und die Potenzmenge $\mathfrak{U}x$ als Funktionen von x, ebenso auch das Paar $\{\varphi(x), \psi(x)\}$ und die Menge $\varphi(\psi(x))$, falls hier $\varphi(x)$ und $\psi(x)$ beliebige Funktionen der veränderlichen Menge x bedeuten. Noch nicht herangezogen sind hierbei die Axiome V und VI. Das letztere kommt auch gar nicht in Frage, da ja eine Auswahlmenge von x durch x nicht eindeutig bestimmt wäre (vgl. Vorl. 5/6, Schluß von Nr. 6), während als Funktion von x immer eine durch x vollkommen festgelegte

Das verschärfte Axiom

Menge zu gelten hat. Dagegen wollen wir die Einfügung des Aussonderungsprozesses in die aufzustellende Definition des Funktionsbegriffs erst noch durch ein Beispiel vorbereiten; hier liegt nämlich der abstrakteste und wohl auch schwierigste Punkt der Definition und aller folgenden Betrachtungen.[2])

Wir bilden wieder einen Durchschnitt, diesmal aber, statt von zwei, von unendlichvielen, beispielsweise abzählbar unendlichvielen Mengen m', m'', m''', ..., die als die Elemente einer Menge M gegeben seien. Man stelle sich etwa unter m' die Menge all der (natürlich ausdehnungslos gedachten) Punkte auf dem Rande eines Maßstabes vor, die zwischen den Maßzahlen 0 und 2 gelegen sind, unter m'' die Menge aller Punkte zwischen 0 und $1\frac{1}{2}$, unter m''' die Menge aller Punkte zwischen 0 und $1\frac{1}{3}$ usw. Ist a ein beliebiger von nun an fester Punkt des Maßstabrandes, so existiert nach Axiom V' die Menge $\overline{M}$ derjenigen Elemente x der Menge $M = \{m', m'', m''', \ldots\}$, in denen der Punkt a als Element vorkommt; in Zeichen: $\overline{M} = M_{a \varepsilon x}$ (also $\varphi(x)$ gleich dem konstanten Punkt a, $\psi(x) = x$ gesetzt). Die Menge $\overline{M}$ fällt natürlich verschieden aus, je nachdem wie der Punkt a gewählt ist. Liegt a z. B. zwischen den Punkten $1\frac{1}{2}$ und 2, so kommt a nur in dem einzigen Element m' von M vor, d. h. es ist $\overline{M} = \{m'\}$; das andere Extrem liegt vor, wenn der Punkt a zwischen 0 und 1 gelegen ist, so daß a in *allen* Elementen m', m'', ... von M vorkommt, also $\overline{M}$ gleich der Menge M selbst ist. Dieser letzte Fall $\overline{M} = M$ ist also charakteristisch für all *die* Punkte des Maßstabrandes, die der Strecke von 0 bis 1, d. h. *gleichzeitig allen* Mengen m', m'', ... angehören, mit anderen Worten: für die Punkte, die im *Durchschnitt all dieser Mengen* vorkommen.

Dieses Beispiel lehrt uns zweierlei. Zunächst können wir den Durchschnitt D aller Elemente von M charakterisieren als die Menge derjenigen Punkte a eines beliebigen Elementes (z. B. von m'), für die $\overline{M} = M$ ist. Das läßt sich übersichtlicher ausdrücken,

---

[2]) In dem Beispiel treten der Anschaulichkeit halber nicht nur *Mengen* wie in der Axiomatik, sondern auch *Punkte* auf; das ist ohne jede Bedeutung.

wenn man den Punkt *a*, der ja jetzt nicht mehr fest, sondern innerhalb von m' veränderlich ist, etwa mit y bezeichnet, und wenn wir die Menge $\overline{M}$, die — wie wir sahen — von der Lage des Punktes *a* abhängt, demgemäß als *Funktion* $\varphi(y)$ des veränderlichen Punktes y auffassen dürfen. Dann ist unser Durchschnitt die Menge derjenigen Elemente y von m', für die $\varphi(y)$ gleich der ganzen Menge M ist, d. h. in der Schreibweise des Axioms V': $D = m'_{\varphi(y) = M}$.[3])

Ferner weist unser Beispiel darauf hin, was für Überlegungen und Vorsorge wir treffen müssen, wenn wir den Funktionsbegriff auch so wie im vorigen Absatz verwenden wollen (neben seinen schon vorher angeführten Bedeutungen).

Die Menge $\overline{M} = M_{a \varepsilon x}$ oder, wenn wir für *a* wieder wie vorhin y schreiben, $\overline{M} = M_{y \varepsilon x} = \varphi(y)$ (in Worten: die Menge derjenigen Elemente x von M, in denen der Punkt y als Element vorkommt) *hängt nur von der Veränderlichen (oder genauer der „Unbestimmten") y, nicht aber von x ab*; x ist nur eine Hilfsveränderliche[4]), die bei der Bildung der Menge $\overline{M}$ die Elemente m', m'', m''' usw. von M zu durchlaufen hat, dann aber ihre Schuldigkeit getan hat und wieder in der Versenkung verschwindet. (Genau dasselbe gilt allgemein von der Rolle der Veränderlichen x in Axiom V'.) Die fertige Menge $\overline{M}$ hängt also nur noch von der Veränderlichen y ab und kann demnach höchstens als Funktion von y, nicht aber von x aufgefaßt werden. Allerdings läßt die Bezeichnung $M_{y \varepsilon x}$ Mißverständnisse zu; wo solche möglich sind, wird man die Hilfsveränderliche (hier x), die bei der Bildung der

---

3) Daß hier im Index nach $\varphi(y)$ die Relation = steht statt, wie im Axiom V' ausgedrückt, eine der Grundrelationen ε und ℓ, hat nichts zu sagen; wie wir in Nr. 8 sehen werden, kann nämlich die Relation $a = b$ stets auf $a \varepsilon \{b\}$ zurückgeführt werden.

4) Man denke an die Rolle der Integrationsvariabeln oder auch an die der „scheinbaren Veränderlichen" (apparent variable) bei RUSSELL! Hingegen ist die Rolle der anderen Veränderlichen y bei der Bildung der Funktion $M_{y \varepsilon x} = \varphi(y)$ zu vergleichen mit der eines Parameters unter dem Integralzeichen.

Aussonderungsmenge die Elemente der oben stehenden Menge (hier M) zu durchlaufen hat, irgendwie auszeichnen, etwa durch fetten Druck. Beim zweiten Schritt, nämlich bei der Bildung von $m'_{\varphi(y) = u} = D$, ist die vorherige *wirkliche* Veränderliche y zur *Hilfs*veränderlichen geworden, die nun die Elemente von m' zu durchlaufen hat; hier ist ein Zweifel ohnehin nicht mehr möglich.

Man erkennt schließlich, daß die Auffassung der Menge $\overline{M}$ als Funktion $\varphi(y)$ von y nichts anderes ist als *die Anwendung des Aussonderungsprozesses*, d. h. des Verfahrens von Axiom V', *in dem Fall, wo die gegebenen Bestimmungsstücke dieses Axioms von einer wirklichen Veränderlichen oder Unbestimmten y abhängen*. Genau dasselbe haben wir vorher (S. 106) für die Prozesse der Axiome II, III, IV verabredet, z. B. die Vereinigungsmenge $\mathfrak{S}x$ als eine Funktion von x bezeichnet. *Wir werden demgemäß die nach Axiom V' gebildete Aussonderungsmenge $m_{\varphi(x)\,\varepsilon\,\psi(x)}$ dann als eine Funktion der Veränderlichen y bezeichnen, wenn m eine Funktion von y ist oder wenn in die gegebenen Funktionen $\varphi(x)$ und $\psi(x)$ noch die eigentliche Veränderliche y eingeht*, m. a. W. wenn bei der Bildung der Menge $m_{\varphi(x)\,\varepsilon\,\psi(x)}$ für eine oder mehrere der eingehenden konstanten Mengen[5]) Funktionen der Veränderlichen y eingesetzt werden. Äußerlich gesehen, wird dann in der Regel φ bzw. ψ eine Funktion zweier Veränderlichen, nämlich der Hilfsveränderlichen x und der eigentlichen Veränderlichen y darstellen; es wird daher zuweilen praktisch sein die übliche Schreibweise von Funktionen zweier Veränderlichen, nämlich $\varphi(x, y)$ bzw. $\psi(x, y)$, zu verwenden. In Wirklichkeit aber ist bei jedem einzelnen Prozeß nur *eine* von beiden tatsächlich veränderlich; hängt in $\overline{m} = m_{\varphi(x)\,\varepsilon\,\psi(x)}$ z. B. φ noch von der Veränderlichen y ab, so spielt bei der Bildung von $\overline{m}$ offenbar y die Rolle einer gegebenen, konstanten Menge und wird erst nach erfolgter Bildung

---

[5]) Eine solche konstante Menge ist z. B. m selbst. Aber auch in $\varphi(x)$ oder $\psi(x)$ gehen im allgemeinen konstante Mengen ein, z. B. im Fall $\varphi(x) = \{\,\{\mathfrak{S}\{x,\{o\}\}\}',\mathfrak{U}x\},o\,\}$; wird bei einer mit dieser Funktion gebildeten Aussonderungsmenge die Nullmenge o durch die Unbestimmte y ersetzt, so entsteht also eine Funktion von y.

von $\overline{m}$ veränderlich gelassen, also dann, wenn die Hilfsveränderliche x schon fortgefallen ist. Im obigen Beispiel, bei der Durchschnittsbildung, ist so beim ersten Schritt [der Bildung von $\overline{M} = M_{y \varepsilon x} = \varphi(y)$] $\psi(x, y) = x$, aber $\varphi(x, y) = y$; die letztere Funktion hängt also von x überhaupt nicht ab und spielt bei der Bildung von $\overline{M}$ die Rolle einer Konstanten, wie wir ja auch in der Tat anfangs a statt y geschrieben hatten. Nur im Interesse des zweiten Aussonderungsprozesses, für den wir die Darstellung von M als Funktion $\varphi(y)$ brauchen, ist a als Veränderliche y zu schreiben.

Nach diesen Vorbereitungen formulieren wir die Definition unseres Funktionsbegriffes, der gemäß Axiom V' an die Stelle des Eigenschaftsbegriffs von Axiom V zu treten hat:

Definition 4a. *Als Funktion der veränderlichen Menge x gilt jede feste (konstante) Menge, die Menge x selbst, die Vereinigungsmenge $\mathfrak{S}x$, die Potenzmenge $\mathfrak{U}x$; ferner, wenn $\varphi(x)$ und $\psi(x)$ Funktionen von x sind, das Paar $\{\varphi(x), \psi(x)\}$ und die Funktion einer Funktion $\varphi(\psi(x))$.*

Definition 4b. *Die nach Axiom V' existierende Menge $m_{\varphi(x) \varepsilon \psi(x)}$ heißt eine Funktion der veränderlichen Menge y, falls in die Bestimmungsstücke $m, \varphi(x), \psi(x)$ Funktionen von y eingehen (abgesehen von der Hilfsveränderlichen x), d. h. falls bei der Bildung von $m_{\varphi(x) \varepsilon \psi(x)}$ gewisse eingehende konstante Mengen durch Funktionen von y ersetzt werden.*

3. Grundsätzliche Bemerkungen zum definierten Funktionsbegriff. Zwecks kritischer Beleuchtung dieser Definition werde noch auf einige grundsätzliche Punkte hingewiesen.

Die Festsetzung, daß eine Funktion einer Funktion von x wiederum als Funktion von x zu gelten hat, enthält ein induktives Moment: es wird hiermit zwecks Bildung einer Funktion eine *beliebig (endlich) oft* wiederholte Anwendung der in den Axiomen gekennzeichneten Elementarprozesse gestattet. Eine solche definitorische Einführung der Induktion in das Axiomensystem wird man nicht unnatürlich finden, wenn man bedenkt, daß auch beim Schließen auf Grund der Axiome das induktive

Moment wesentlich ist; man vergleiche dazu Vorl. 3/4, Nr. 10, und 9/10, Nr. 10.

Es könnte ferner scheinen, als liege eine unzulässige zirkelhafte Verflechtung darin, daß in Axiom V' der Funktionsbegriff, in der Definition des Funktionsbegriffs aber (nämlich im Teile b) das Axiom V' verwendet wird. Dies ist indes einwandfrei angesichts der im letzten Absatz vermerkten Tatsache. Da nämlich zwecks Bildung von Funktionen die Prozesse der Axiome, also auch des Axioms V', nur endlich oft ausgeführt werden können, so vollzieht sich die Anwendung von Axiom V' und Definition 4b von selbst abwechselnd der Reihe nach. Dies wird augenscheinlich, wenn man für die Funktionen eine Stufenanzahl einführt, je nachdem wie oft Definition 4b *hintereinander* angewandt worden ist. Danach kommt Funktionen, die *ohne* Anwendung von Definition 4b gebildet sind, die Stufe Null zu. Die mittels Funktionen der Stufe Null gemäß Axiom V' gebildeten Aussonderungsmengen stellen, sobald eine der in sie eingehenden Konstanten veränderlich gelassen und gleich x gesetzt wird, Funktionen von der Stufe 1 dar. Bei Verwendung mindestens einer solchen Funktion (sowie evtl. von Funktionen der Stufe Null) entsteht gemäß Axiom V' nach Einführung einer Veränderlichen eine Funktion der Stufe 2; usw. Es gibt also nur Funktionen endlicher Stufe. Eine zirkelhafte Verflechtung ist hierin demnach nicht gelegen, vielmehr vollzieht sich in diesem Sinne die Funktionsbildung auf formell *konstruktivem* Wege.

In einer anderen Beziehung allerdings steckt in der Definition 4 und somit auch im Axiom V' in der Tat ganz wesentlich ein gewissermaßen zirkelhaftes, nämlich ein *nicht-prädikatives* Moment (vgl. Vorl. 3/4, Nrn. 2 ff.), das sich auch wohl auf keine Weise ausschalten läßt und das einem durchweg konstruktiven Vollzug der Teilmengenbildung somit den Weg versperrt. Hierin liegt übrigens keineswegs etwas Neues; vielmehr wird hier, wie häufig in der Mathematik und der Philosophie, auf dem durch Axiom V' beschrittenen Wege der begrifflichen Präzisierung erst offenbar, was in verhüllter Form schon im Begriff der „sinnvollen Eigenschaft" in Axiom V vorlag. Es ist nämlich durchaus nicht ausgeschlossen, daß z. B. bei der Bildung der Teilmenge $m_{\varphi(x)\,\varepsilon\,\psi(x)}$ von m unter den konstanten Mengen, mit Hilfe deren die Funktionen $\varphi(x)$ und $\psi(x)$ gebildet sind, auch die Potenzmenge $\mathfrak{U}m$ vorkommt.[6]) Man hat dann den Fall, daß eine spezielle Teilmenge der Menge m erklärt wird mittels einer Definition, in die die Menge $\mathfrak{U}m$ *aller* Teilmengen von m eingeht, und zwar unter Umständen *notwendig* eingeht. Es liegt also ein Schulbeispiel einer nicht-prädikativen Definition vor. Die *Konstruktion* einer solchen Teilmenge von m ist offenbar unmöglich, vorausgesetzt, daß keine andersartige Definition dafür gegeben werden kann; denn um die gewünschte Teilmenge zu bilden, bedarf man der Kenntnis der Menge $\mathfrak{U}m$, die aber ihrerseits die gewünschte Menge m zu ihren Elementen zählt.

Damit klärt sich auch ein naheliegendes Bedenken, das in enger Beziehung zu der Bemerkung von LÖWENHEIM-SKOLEM (Vorl. 3/4, Nr. 11) steht: Geht man von endlich vielen gegebenen Mengen aus[7]), so wird man zwar (vgl. S. 110—111) zu unendlich vielen Funktionen und daher bei einer unendlichen Menge auch zu unendlich vielen Teilmengen gelangen können, aber nur zu *abzählbar* unendlich vielen, solange die Funktionen auf konstruktivem Wege erzeugt werden; bei der Teilmengenbildung mittels des logischen Begriffs der „sinnvollen Eigenschaft" steht es im Grunde nicht anders. Einen derart eingeschränkten Charakter also trägt zunächst sogar das Aussonderungsaxiom, das im Sinn der Mengenbildung das weitaus fruchtbarste unter den Axiomen ist; die übrigen Existenzaxiome II bis VII lassen bei

---

6) Einfacher ist der gleichfalls häufig vorkommende Fall, daß zwecks Anwendung des A. d. Aussonderung die einzelnen Elemente von m mit je *allen* übrigen Elementen von m in Beziehung gesetzt werden müssen, wie das z. B. schon bei der Bestimmung von Extremwerten der Fall ist (vgl. S. 29). Daß aber auch der oben im Text angegebene Fall und viele ähnliche nicht auszuschließen sind, macht den Sachverhalt sicher noch erregender.

7) In Wirklichkeit genügen als Ausgangspunkte z. B. die Nullmenge und die Menge $Z_0 = \{0, \{0\}, \{\{0\}\}, \ldots\}$.

gegebener Ausgangsmenge überhaupt nur auf die Existenz *einer* bzw. *mindestens einer* Menge schließen. Da erhebt sich die Frage: wie kann man dennoch erfolgreich Mengenlehre treiben, d. h. wie kann man überhaupt, ausgehend von endlich (oder auch von abzählbar unendlich) vielen Mengen, mittels der Axiome jenseits des Abzählbaren hinaus und zu Mengen von immer größeren Kardinalzahlen gelangen — ein Prozeß, der sich in der historischen Mengenlehre (vgl. Vorl. 1/2, Nr. 5/6) wesentlich mittels des Diagonalverfahrens, also der Bildung der Potenzmenge abspielt?

Des Rätsels Lösung liegt nach dem Gesagten wohl entscheidend darin, daß man notwendig nicht-prädikative Verfahren heranzuziehen hat, wenn man den Sinn der Axiome der Potenzmenge und der Aussonderung dem tatsächlichen wissenschaftlichen Bedürfnis gemäß ausschöpfen will. Nicht nur innerhalb der Mengenlehre, sondern in der ganzen Mathematik läßt sich, wie mir scheint, auf rein konstruktivem Wege — nämlich ohne Heranziehung nicht-prädikativer Prozesse — das *überabzählbar Unendliche* nicht erfassen, falls man nicht etwa in allzu elastischer Dehnung des Begriffs „reine Anschauung" es sich als unmittelbar gegeben denken will, z. B. in der Form des Kontinuums. Insoweit ist den Anschauungen der Intuitionisten sicherlich beizupflichten, und es ist sogar merkwürdig, daß bei der Kritik gegen die axiomatische Begründung der Mengenlehre es historisch in erster Linie das Auswahlaxiom gewesen ist, das einen wahren Hagel von Angriffen heftigster Art auf sich gezogen hat, und nicht vielmehr das Axiom der Potenzmenge, das von der rein konstruktiven Einstellung aus ebensosehr zu beanstanden ist, im übrigen aber einen viel weitergehenden und wesentlicheren Charakter innerhalb des Axiomensystems besitzt als das Axiom der Auswahl, dem gleich den Axiomen der Paarung und der Vereinigung nur beschränktere Bedeutung zukommt. Umgekehrt wird dem, der die klassische Analysis und Mengenlehre bejaht, gerade diese Erkenntnis der Unmöglichkeit, rein konstruktiv über das abzählbar Unendliche hinauszuschreiten, den Mut geben (vgl. auch Nr. 6), neben den Konstruktionen auch die nur in beschreibender Form — am besten axiomatisch — zu kennzeichnenden nicht-prädikativen Prozesse im Ausmaße etwa der Definition 4 zuzulassen, um so mehr als sie sich möglicherweise sogar von einer höheren Warte aus in einem absoluten Sinn rechtfertigen lassen (vgl. Vorl. 9/10, Nr. 8).

Noch in einer weiteren Beziehung tritt in Axiom V' der Gegensatz zum Intuitionismus scharf zutage. In der diesem Axiom stillschweigend zugrunde liegenden Annahme, daß für zwei gegebene Mengen a und b (nämlich $\varphi(x)$ und $\psi(x)$ für je ein festes x) stets eine der Beziehungen $a \, \varepsilon \, b$ und $a \notin b$ gilt, steckt nämlich *der Satz vom ausgeschlossenen Dritten*. Auch für dessen eventuelle Begründung vom axiomatischen Standpunkte aus werde auf die soeben bezeichnete spätere Bemerkung verwiesen. Dagegen bleibt für die Kritik des *Eigenschaftsbegriffes*, die von intuitionistischer Seite (vgl. Brouwer 1) gegen das Axiom der Aussonderung mit Recht ins Feld geführt worden ist, nach Einführung des Axioms V' keine Handhabe mehr.

4. Das Axiom der Ersetzung. Auf Grund der Definition 4 läßt sich nunmehr auch die erwünschte Ergänzung des Axioms VII b angeben, die oben (Vorl. 5/6, Nr. 9) in Aussicht gestellt wurde. Es liegt zunächst nahe, Axiom VII b durch die folgende Forderung zu ersetzen, in der „Funktion" im Sinne der Definition 4 oder auch noch allgemeiner[8]) zu verstehen ist:

Axiom VII c. Es existiert mindestens eine Menge, und zwar, wenn a eine beliebige Menge und $\varphi(x)$ eine beliebige Funktion bedeutet, mindestens eine Menge, die speziell das Element a und allgemein, falls ihr y als Element angehört, auch das Element $\varphi(y)$ enthält.

Dieses Axiom sichert z. B. die Existenz der in Vorl. 5/6, Nr. 9 definierten Menge Z, die auf Grund der bisherigen Axiome nicht

---

8) So nämlich, daß unter die zulässigen Einzelschritte für die Funktionsbildung auch der durch das Axiom selbst definierte Prozeß mit aufgenommen wird, wie das für Axiom V' durch Definition 4b geschah. Eine ähnliche Erweiterung des Funktionsbegriffs ist bei Axiom VIII möglich und für manche Zwecke (der speziellen Mengenlehre) auch nötig.

Axiom der Ersetzung

gebildet werden konnte; man braucht hierzu nur $a = Z_0$, $\varphi(x) = \mathfrak{U} x$ zu setzen und entsprechend wie zum Nachweis von Z_0 zu schließen.

Auch diese Fassung genügt indes noch nicht zur Sicherung gewisser sehr umfassender Mengen. Es empfiehlt sich daher, neben Axiom VII b die folgende, über VII c hinausgehende Forderung aufzustellen:

Axiom VIII (Axiom der Ersetzung). *Ist m eine Menge und $\varphi(x)$ eine Funktion, so existiert auch die Menge, die aus m entsteht, falls jedes Element y von m durch $\varphi(y)$ ersetzt wird.*

Dieses Axiom ist — wie im Grunde schon Axiom VII b — wesentlich nur zur Sicherung spezieller Mengen (z. B. der ,,Ordnungszahlen'') erforderlich, nicht etwa zur Begründung der allgemeinen Mengenlehre (vgl. auch Vorl. 9/10, Nr. 3). Wir werden demgemäß auf Axiom VIII nicht mehr zurückzukommen brauchen. Es steht übrigens noch nicht fest, ob wenigstens das Axiom der Ersetzung (bei der in der letzten Fußnote angedeuteten Ausdehnung des Funktionsbegriffs) vollauf genügt, um gewisse, bis heute noch ungelöste Fragen im Gebiet der sehr umfassenden Mengen zur Entscheidung zu bringen (vgl. Kuratowski 3).

Grundsätzliche und historische Bemerkungen zu dem Axiomensystem.

5. Das Axiomensystem und die Antinomien. Bevor wir zum positiven Aufbau der Mengenlehre (in den großen Umrissen) auf dem Fundament des vorstehenden Axiomensystems schreiten, wollen wir uns wenigstens überschlagsweise davon überzeugen, daß der negative Hauptzweck, nämlich der automatische Ausschluß der Antinomien der Mengenlehre, wirklich erreicht ist, und einige weitere Erörterungen grundsätzlicher Art sowie historische Bemerkungen über das vorstehende und andere Axiomensysteme anfügen.

Die widerspruchsvollen Mengen (Vorl. 1/2, Nr. 10) entstehen wesentlich auf zwei verschiedene Arten: einmal durch Bildung *allzu umfassender* Mengen (wie die Menge aller Mengen, die sich nicht enthalten, oder die Mengen aller Ordnungszahlen), dann aber auch durch die Benutzung einer mehr oder weniger verdächtigen *Eigenschaft* zur Definition der Menge (so bei der Menge aller „endlich definierbaren" Dezimalbrüche). Vor beiden Gefahren sichern uns die Axiome selbsttätig, ohne daß wir auf die Vermeidung widerspruchsvoller Mengen unsere besondere Aufmerksamkeit zu richten brauchten. Außer den als absolut existierend gegebenen Mengen — eine solche ist außer der Nullmenge nur die abzählbar unendliche Menge Z_0, deren Existenz aus Axiom VIIb folgt — gestatten uns die Axiome nämlich nur in enger Abhängigkeit (nach Inhalt und Umfang) von schon bekannten Mengen, niemals aber völlig frei weitere Mengen zu bilden. Gleichviel, ob die betreffende Abhängigkeit den Umfang der neuen Mengen gegenüber dem der alten gewissermaßen ausdehnt (so z. B. das Axiom der Potenzmenge) oder einschränkt (wie die Axiome der Aussonderung und der Auswahl), niemals ist die Ausdehnung eine uferlose. Namentlich können durch eine sinnvolle Eigenschaft wie z. B. „nicht Element von sich selbst sein" oder „eine Ordnungszahl sein" Mengen nicht independent (unabhängig), sozusagen aus dem „Bereich aller Dinge" definiert werden wie die genannten paradoxen Mengen, sondern nur auf dem Weg der Einschränkung aus schon bekannten Mengen. Die Menge aller Ordnungszahlen oder eine analoge, vermöge ihres schrankenlosen Umfangs widerspruchsvolle Menge hat also keinen Raum in unserer Axiomatik.

Ebensowenig sind auf der anderen Seite quallenhafte Eigenschaften zulässig wie die „endlich definierbar" zu sein. Die saure Arbeit der Ersetzung des Eigenschaftsbegriffs durch den Funktionsbegriff, des Axioms V durch Axiom V', bezweckte ja gerade, diese Klippe endgültig aus dem Wege zu schaffen. Natürlich läßt sich ein Begriff wie „endlich definierbar" oder „mit höchstens dreißig Silben definierbar" nicht auf unseren Funktionsbegriff zurückführen.

Übrigens läßt sich der Ausschluß der wesentlichen bekannten Antinomien auch in strengerer Form zeigen als mit diesen allgemein gehaltenen Hinweisen. So wird z. B. das RUSSELLsche Paradoxon ausgeschlossen durch den (sehr einfachen) Beweis des

Satzes, daß jede Menge *m* mindestens eine Teilmenge besitzt, die *nicht Element von m ist*; hiermit ist von vornherein die Möglichkeit abgeschnitten, daß eine Menge durch allzu schrankenlose Zuweisung von Elementen kompromittiert sein sollte.

Die Möglichkeit, daß etwa *neue* Antinomien von bisher nicht bekannter Struktur innerhalb der axiomatisch begründeten Mengenlehre auftreten könnten, wird noch weiterhin zu erörtern sein (Vorl. 9/10, Nr. 8).

6. Das Axiomensystem und die nicht-prädikativen Prozesse. Platonische Ideen oder Schöpfungen unseres Verstandes?[9]) Glauben Sie nun freilich nicht, daß diese — für den Anhänger CANTORS allerdings wohl durchschlagend erscheinenden — Erfolge der axiomatischen Behandlung auch einen erheblichen Wert besitzen in den Augen eines selbst gemäßigten Intuitionisten etwa vom Schlag POINCARÉS, der den Wert der axiomatischen Methode an sich (namentlich zur impliziten Festlegung von nicht direkt definierbaren Begriffen) noch durchaus anerkennt (vgl. Poincaré 5, S. 152)! Schon oben in Nr. 3 wurde hingewiesen auf die möglichen und sogar unvermeidbaren Anwendungen des Axioms der Aussonderung von typisch nicht-prädikativem Charakter. Aber auch soweit nicht gerade derartige Anwendungen erforderlich sind, immer *ist es im Grunde doch der intuitive Mengenbegriff* CANTORS, *der auch innerhalb der Axiomatik das A. d. Aussonderung und demgemäß auch das A. d. Potenzmenge überhaupt erst sinnvoll macht*, und diese beiden sind ja nach Nr. 3 gerade die entscheidenden Axiome. Es ist vielleicht nicht überflüssig, diesen Punkt (gleichzeitig in Ergänzung der auf S. 40 zitierten Bemerkung WEYLS) gebührend zu kennzeichnen; wenn nämlich viele Vertreter des klassisch-axiomatischen Standpunkts die diesbezüglichen Anschauungen ihrer Gegner nicht *verstehen* und es so zu einem zwecklosen Aneinandervorbeireden kommt, so liegt das wesentlich an einer Verkennung der Tatsache, daß die Ursachen der

---

9) Diese Nummer kann von dem weniger Geübten bei der erstmaligen Lektüre überschlagen werden.

Divergenz im allerersten Ausgangspunkt und nicht etwa in der Ausführung der Axiomatik ihren Grund haben.

Zur Beleuchtung des Sachverhalts legen wir dem Wesen nach das A. d. Aussonderung in seiner strengen Fassung V' zugrunde, bedienen uns aber, um nicht schwerfällig zu werden, wie in der Fassung V des Ausdrucks ,,Eigenschaft" (statt ,,Funktion"). Um beispielsweise die Menge aller Primzahlen oder die aller reellen transzendenten Zahlen zu bilden, haben wir zunächst auszugehen von der Menge aller natürlichen Zahlen (gemäß dem A. d. Unendlichen) oder der aller reellen Zahlen (gemäß demselben Axiom unter Hinzuziehung des A. d. Potenzmenge). Die Bildung der Teilmenge vollzieht sich dann nach dem A. d. Aussonderung in der Art, daß wir unter den Elementen der Ausgangsmenge diejenigen ausgesondert denken, die die betreffende Eigenschaft besitzen (eine Primzahl oder eine transzendente Zahl zu sein, was sich in der Tat gemäß Axiom V' ausdrücken läßt). Die Möglichkeit dieser Aussonderung ist vermöge des Axioms nur abhängig davon, daß *für jedes beliebige Element der Ausgangsmenge m* die Eigenschaft entweder zutrifft oder nicht; die ,,Gegegebenheit" der Menge m bewirkt, daß uns nicht nur *jedes* beliebige Element, sondern auch *all ihre Elemente* gegeben sind, unter denen also diejenigen mit der gewünschten Eigenschaft zu einer neuen Menge $\overline{m}$ zu vereinigen sind. Die Möglichkeit, daß etwa das Vorhandensein gewisser Elemente in m abhängen könnte von der Bildung der Teilmenge $\overline{m}$, kommt demgemäß überhaupt nicht in Frage; *die Menge m existiert als etwas Fertiges und Abgeschlossenes vor allen mit ihr und ihren Elementen etwa noch anzustellenden Operationen;* und zwar leitet CANTOR jene Existenz inhaltlich aus dem (intuitiv oder logisch zu denkenden) Akt der Vereinigung unendlich vieler Objekte zu einem einheitlichen und abgeschlossenen Ganzen her, der Axiomatiker aber formal aus dem A. d. Unendlichen, das überhaupt erst *irgendeine* solche Menge als vorhanden postuliert, und weiterhin vornehmlich aus dem A. d. Potenzmenge, das von jeder unendlichen Menge aus den Schritt zu einer weit umfassenderen (vgl. Nr. 9), eben der Potenzmenge, in einem einzigen Akt vollzieht — dies letztere bemerkenswerterweise, obgleich dabei die Gesamtheit aller möglichen Anwendungen des A. d. Aussonderung eingeht! Eben wegen dieses fertigen Charakters der Menge m kann man, bildlich gesprochen, die Aussonderung der die gewünschte Eigenschaft besitzenden Elemente in aller Ruhe vollziehen, ohne Furcht vor Störungen etwa nach der Richtung, daß ein schon ausgesondertes Element die Eigenschaft nachträglich verlieren könnte aus Gründen, die mit „neu auftauchenden" Elementen der Ausgangsmenge m oder mit der Aufnahme gewisser anderer Elemente in die Teilmenge $\bar{m}$ zusammenhängen.

Auf diese Weise fällt das richtige Licht auf einen der Gesichtspunkte, aus denen heraus dem Vertreter der klassisch-axiomatischen Anschauung die Verwendung der nicht-prädikativen Verfahren keineswegs als durchweg verboten und überhaupt nicht gleicherweise als zirkelhaft erscheint wie den in der dritten Vorlesung geschilderten Kritikern. Wenn man mit einer Menge (z. B. der Potenzmenge $\mathfrak{U}m$) nicht nur diesen Einzelbegriff, sondern gleichzeitig all ihre Elemente (sämtliche Teilmengen von m) als gegeben betrachtet, so ist die Definition einer einzelnen solchen Teilmenge nicht notwendig als deren „*Konstruktion*" aufzufassen, sondern nur als ein beschreibendes Mittel zur *Unterscheidung* des betreffenden Elementes von allen übrigen Elementen. Daß in eine solche Beschreibung eines gewissermaßen schon vorher existierenden Objekts — wie z. B. einer gewissen Teilmenge von m — dann auch die Potenzmenge $\mathfrak{U}m$, also die Menge aller möglichen Teilmengen von m, eingehen kann, braucht nicht von vornherein als bedenklich zu erscheinen; der Zirkel fällt ja fort, wenn vor und unabhängig von dieser und anderen Definitionen, die die Elemente einer Menge voneinander zu *unterscheiden* bezwecken, die *Existenz* der Elemente schon vorausgesetzt wird.

Ganz anders stellt sich die Sachlage für das Auge des gemäßigten Intuitionisten dar, für den ein einzelnes Element einer „gegebenen" Menge erst dann zu existieren beginnt, wenn man es definiert hat. Nach dieser Auffassung muß man, um in einer

Definition von der Gesamtheit der Elemente einer Menge sprechen zu dürfen, sich vorher diese Elemente einzeln definiert oder wenigstens definierbar denken. Demgemäß ist allenfalls schon die Menge der natürlichen Zahlen[10]), ganz gewiß aber deren Potenzmenge, die Menge R aller reellen Zahlen, etwas *niemals Fertiges oder Abgeschlossenes*; die verschiedensten in der Zukunft verborgenen mathematischen Prozesse werden neue Elemente dieser Mengen gewissermaßen erst erfinden (nicht: entdecken) lassen, und gerade auch bei der Bildung von Teilmengen der Menge R handelt es sich um solche Prozesse, die ihrerseits neue Elemente von R erzeugen können. Wir können infolge der Natur von R für manche Eigenschaften behaupten, daß sie *jedem* einzelnen, wie immer gegebenen Element von R zukommen. Aber *alle* Elemente von R gewissermaßen gleichzeitig zu umfassen und zu beherrschen, das ist nie denkbar; nie ist die Neugeburt oder das „Sich-entwickeln" weiterer Elemente auszuschließen, weil einer unendlichen Menge ihrem Wesen nach der Charakter des stets Unfertigen, immer noch Ausdehnbaren anhaftet. Namentlich kann man, durch welche Eigenschaft immer eine Teilmenge R_0 von R definiert werde, stets noch Elemente von R bilden, deren Definition von jener Teilmenge R_0 abhängt und die möglicherweise — jedenfalls ist das Gegenteil nicht allgemein beweisbar — auf andere Art gar nicht charakterisiert werden können; es wäre daher ungereimt, solche Elemente als schon *vor* der Bildung der Teilmenge R_0 existierend anzusehen und z. B. — wie es sowohl bei CANTOR als auch in der Axiomatik geschieht — R_0 zu definieren durch eine Eigenschaft, die eine gewisse Beziehung jedes einzelnen Elements von R_0 zu *sämtlichen* Elementen von R fordert, etwa durch eine Extremaleigenschaft oder dgl.

---

10) «Quand je parle de tous les nombres entiers, je veux dire tous les nombres entiers qu'on a inventés et tous ceux qu'on pourra inventer un jour ... et c'est ce ‚*l'on pourra*' qui est l'infini.» (Poincaré 5, S. 131.) In diesem Sonderfall wird die fragliche Meinung freilich wenig Zustimmung finden.

Platonische Ideen oder Schöpfungen unseres Verstandes?

Der Gegensatz zwischen diesen beiden Auffassungen legt es unwillkürlich nahe daran zu denken, wie sehr die Meinungen über die Existenz von Ideen (etwa im Sinne PLATOS) auseinandergehen. Kommt diesen eine vom Vorhandensein menschlicher oder überhaupt denkfähiger Wesen — oder mindestens von dem betreffenden Denkakt — unabhängige Existenz zu, oder existieren sie vielmehr nur, insofern sie gedacht werden? Der letzteren Auffassung, wenn sie von den Ideen auf die natürlichen oder die reellen Zahlen oder auf die Teilmengen einer beliebigen Menge spezialisiert wird, entspricht der Gedankengang des vorigen Absatzes; nach der Anschauung CANTORS dagegen[11]) können wir uns auch die reellen Zahlen in ihrer Gesamtheit als gewissermaßen schon vor unserem Zugriff fertig aufgestapelt denken, so daß wir zur Bildung einer Teilmenge nur diejenigen herauszusuchen haben, die unseren jeweiligen Wünschen gerade entsprechen. Kurz gesagt: die einen *erfinden* die Zahlen und überhaupt die mathematischen Begriffe, die anderen *entdecken* sie.

Im Fall der Menge R aller reellen Zahlen, d. h. des Kontinuums, wird die dem „Erfinden" entsprechende Auffassung besonders anschaulich an Hand des Gedankengangs, der zur Paradoxie RICHARDS geführt hat (Vorl. 1/2, Nr. 10; vgl. dazu Poincaré 2 und 3, S. 45 ff.). Dort erwies sich die Menge aller endlich definierbaren Dezimalbrüche als abzählbar, während nach CANTOR (Vorl. 1/2, Nr. 5) die Menge aller Dezimalbrüche überhaupt — das ist im wesentlichen die Menge R — nicht mehr abzählbar ist. Gibt es denn aber überhaupt andere Dezimalbrüche und allgemein andere mathematische (oder logische) Begriffe als solche, die endlich definierbar sind? Läuft nicht die Behauptung, gewisse Begriffe ließen sich nicht mittels einer endlichen Anzahl von Worten festlegen, einfach darauf hinaus, daß man die betreffenden Begriffe nur teilweise und unvollkommen definiert, also gar keine voneinander und von anderen Objekten scharf unterschiedenen Einzelbegriffe erhält? Die Mathematik kann ihre präzisen Gedankengänge und Schlüsse nur an vollständig, d. h. aber *endlich* definierte Begriffe knüpfen. So scheint die Menge der endlich definierbaren Dezimalbrüche mit unserer Menge R zusammenzufallen und zwischen dem Gedankengang RICHARDS und CANTORS Satz ein Gegensatz zu klaffen, der mindestens einen von beiden als unhaltbar erweisen müßte!

---

11) Vgl. das von CANTOR benutzte Motto, das zwar auch mit anderer Auffassung verträglich, aber doch wohl für seine oben bezeichnete Einstellung charakteristisch ist: Neque enim leges intellectui aut rebus damus ad arbitrium nostrum, sed tanquam scribae fideles ab ipsius naturae voce latas et prolatas excipimus et describimus. Man vergleiche ferner den von tiefer philosophischer Einsicht getragenen Aufsatz Hessenberg 2.

Das ist indes nicht der Fall. Beide Behauptungen sind richtig, der Widerspruch ist nur ein scheinbarer. CANTORS Beweis (vgl. a. a. O.) zeigt ja nur die Unmöglichkeit einer *derartigen* Zuordnung zwischen den natürlichen Zahlen und den unendlichen Dezimalbrüchen, daß einer gegebenen Zahl ein durch diese völlig festgelegter, in endlicher und von vornherein abzuschätzender Zeit bestimmbarer Dezimalbruch entspricht, wie auch umgekehrt jedem vorgelegten Dezimalbruch eine von ihm allein abhängige, in derselben Weise festlegbare Zahl zugeordnet werden muß. Dieser Charakter der Zuordnung drückt namentlich aus, daß durch die Vorschrift, wonach einer bestimmten Zahl (etwa der Zahl 1000) ein gewisser Dezimalbruch zugehört, sich nichts mehr ändern kann an den Zuordnungen zwischen allen Zahlen unter 1000 und den ihnen entsprechenden Dezimalbrüchen (wie überhaupt an allen anderen Zuordnungsvorschriften). Eine Zuordnung dieser Art ist nach CANTORS Satz unmöglich, wenn man die Menge *aller* Dezimalbrüche der der ganzen Zahlen gegenüberstellt; es bleiben vielmehr immer Dezimalbrüche übrig, denen keine Zahl entspricht. Von ganz anderer Art aber ist die Zuordnung, um die es sich bei RICHARD handelt. Hat man hier den ganzen Zahlen die dem ersten Anschein nach ,,endlich definierbaren" Dezimalbrüche zugeordnet, so zeigt sich alsbald (vgl. die Darstellung der Paradoxie in Vorl. 1/2, Nr. 10), daß noch nicht alle Dezimalbrüche erfaßt sind, nämlich jedenfalls noch nicht diejenigen, in deren Definition die soeben hergestellte Zuordnung ihrerseits unvermeidbar eingeht (z. B. nach dem Diagonalverfahren). Nimmt man diese ,,neuen", jetzt ebenfalls endlich definierbaren Dezimalbrüche hinzu, so bleibt RICHARDS Beweis immer noch gültig, also auch die vergrößerte Menge von Dezimalbrüchen noch abzählbar. Um aber all diese Dezimalbrüche den natürlichen Zahlen zuzuordnen, muß man natürlich *die alte Zuordnung zerstören* und an ihre Stelle eine von Grund auf neue setzen, die einem beliebigen Dezimalbruch jetzt im allgemeinen eine andere Zahl entsprechen läßt als vorher; das ist genau so, wie man zwecks Zuordnung der rationalen zu den natürlichen Zahlen (Vorl. 1/2, Nr. 4) nicht etwa von einer Zuordnung zwischen den *ganzen* Zahlen und den natürlichen ausgehen kann, um hieran eine Ergänzung anzuflicken, sondern die alte Zuordnung total auflösen und durch eine völlig neue ersetzen muß. Man ist freilich mit der angegebenen Vervollständigung der RICHARDschen Zuordnung noch nicht am Ende angelangt, sondern sieht jetzt die erst mittels der *neuen* Zuordnung definierbaren Dezimalbrüche als noch unbewältigt vor sich auftauchen; um auch sie noch in eine Abzählung mit einzuordnen, was RICHARDS Verfahren als möglich dartut, ist eine abermals von Grund auf neue Zuordnung zu konstruieren. Usw. CANTORS Satz von der Nichtabzählbarkeit der Menge *R aller* Dezimalbrüche besagt so nichts anderes, als daß dieses Verfahren sich endlos fortsetzen läßt, ohne zu einem Abschluß zu gelangen; jeder neue Versuch, durch Herstellung einer nunmehr ausreichenden Zuordnung endgültig der Hydra den Kopf abzuschlagen, zeitigt automatisch das Erscheinen mindestens eines neuen Kopfes.

Die Wesensverschiedenheit der Verfahren, mit denen einmal CANTOR, das andere Mal die (unbegrenzt fortgesetzt gedachte) Methode RICHARDS die Dezimalbrüche klassifiziert (nämlich in solche, die zu irgendwelchen Zahlen zugeordnet sind, und in übrigbleibende, bzw. in ,,definierbare" und ,,andere"), mag durch folgenden trivialen Vergleich veranschaulicht werden. Vor uns liege ein Haufen verschiedenlanger Zündhölzchen und zwei leere Zündholzschachteln, in die jene Hölzchen der Reihe nach, wie man sie eben in die Hand bekommt, eingeordnet werden sollen. Besteht die Klassifikationsvorschrift darin, daß in die erste Schachtel die Hölzchen mit einer Länge bis 5 cm, in die zweite alle längeren gelegt werden sollen, so hat man den CANTORschen Fall; auf Grund der Vorschrift steht von jedem beliebigen Hölzchen von vornherein fest, in welcher Schachtel es schließlich landen wird. Ist dagegen vorgeschrieben, daß im allgemeinen zwar beide Schachteln möglichst gleichmäßig an die Reihe kommen sollen, daß aber die Durchschnittslänge der Hölzchen in der ersten Schachtel jederzeit kleiner sein solle als in der zweiten[12]), so hat man eine Klassifikation von der Art der RICHARDschen Zuordnungen in ihrer Gesamtheit; manchem schon in die erste Schachtel gelegten Hölzchen wird es passieren, nachträglich in die andere hinüberwandern zu müssen, weil es sich angesichts der *nach ihm* in die erste Schachtel hinzugekommenen Hölzchen als zu lang erweist — und umgekehrt.

Nach alledem wird man es begreiflich finden, welch beschränkten Wert für eine solche Anschauung derjenige Vorzug unserer Axiomatik besitzt, der sie in den Augen des Axiomatikers wohl am bedeutsamsten von der Einstellung CANTORS unterscheidet: der Vorzug nämlich, daß auf Grund der Axiome — abgesehen von der speziellen Menge Z_0 — die Mengen nicht wie bei CANTOR independent, gewissermaßen unmittelbar aus der Gesamtheit alles Denkbaren heraus, gebildet werden, sondern jeweils *in Anlehnung an eine schon als legitim erkannte Menge m*, von der aus eine einzige Anwendung eines der Axiome zur neuen Menge führt. Von der geschlossenen Mauer, mit der man eine Menge m als Scheidung der in ihr enthaltenen Elemente gegenüber der ,,Außenwelt" ver-

---

12) Diese Vorschrift ist noch nicht völlig eindeutig und kann mannigfach ergänzt werden; in dieser Unvollständigkeit wird sie aber den Sachverhalt um so deutlicher erscheinen lassen.

gleichen kann, kommt man auf einem vorgezeichneten Weg zu einer anderen Mauer, deren Innengebiet der gewünschten neuen Menge entspricht. Diese Methode, die den Umfang der Mengen gegenüber der CANTORschen Definition viel mehr umgrenzt, verhindert jedenfalls die Bildung solcher paradoxer Mengen wie der RUSSELLschen, zu deren Herstellung man die Elemente von jenseits jeder noch so umfassenden Mauer heranholen muß. Aber der Kritiker vom Schlag POINCARÉS wirft darauf ein: wenn die Widersprüche nicht aus der *Außenwelt* kommen, so können sie doch *innerhalb* der Mauer, wo sie, uns unbemerkt, als Keim von Anfang an vorhanden sein mögen, jederzeit ans Licht treten; infolge des geschilderten Charakters der unendlichen Mengen als ewig *werdender* können wir uns ja niemals von vornherein einen vollständigen Überblick darüber verschaffen, was alles innerhalb der Mauer existiert, sondern müssen stets mit Neugeburten rechnen, und solche Neugeburten können mit dem Bazillus ihres nichtprädikativen Charakters leicht die ganze der Axiomatik unterworfene Mengenlehre infizieren und zum Tode des Widerspruchs führen. Mag auch nur ein ganz extremer Standpunkt diese Gefahr schon für die Menge Z_0 fürchten, die als Elemente wesentlich die natürlichen Zahlen enthält, so ist doch die geschilderte Befürchtung in sich wohlbegründet für das Kontinuum, d. h. die Menge aller reellen Zahlen (Dezimalbrüche, Punkte) und allgemein für die Potenzmenge einer beliebigen unendlichen Menge, auch dann namentlich, wenn die letztere für die Sicherheit des in ihrer Mauer sich bergenden Gebietes noch einstehen kann. In der Tat ist es ja der Übergang zur Potenzmenge, der von jeder unendlichen Menge aus mit Notwendigkeit den geschilderten, konstruktiv niemals abgeschlossen zu denkenden Prozeß der Entstehung stets neuer Elemente (nämlich von Teilmengen der Ausgangsmenge) bedingt; wohl ist der Schritt von einer Menge zu ihrer Potenzmenge ein einheitlicher und *der Außenwelt gegenüber* umgrenzter, aber doch *in sich* von so unübersehbarem Umfang, daß die Erkenntnis der unversehrten Ordnung im alten Gebiete uns noch keinen Schluß auf die Sicherheitsverhältnisse innerhalb der neuen, unvergleichlich viel mehr Raum umschließenden Mauer gestattet.

Bei allem Verständnis für diese in sich folgerichtige und von ihren eigenen Voraussetzungen aus wohl nicht angreifbare kritische Anschauung wird der Axiomatiker freilich *einen* grundsätzlichen Unterschied zwischen diesen Befürchtungen und den alten Antinomien in den Vordergrund schieben dürfen. Die Antinomien sind *tatsächliche* Folgen aus dem Mengenbegriff CANTORS und lassen also dessen definitorischen Aufbau der Mengenlehre als endgültig unhaltbar erscheinen. Bei der Kritik der axiomatischen Mengenlehre dagegen handelt es sich nur um *Befürchtungen*, deren beweiskräftiger Ausschluß bisher nicht gelungen ist; immerhin ist ein solcher — und damit die endgültige Rechtfertigung der Mengenlehre zwar nicht für Intuitionisten vom Schlag BROUWERS, wohl aber für solche vom Schlag POINCARÉS und auch wohl noch WEYLS — sehr wohl denkbar, sei es, daß sich jede nichtprädikative Begriffsbildung auch durch eine prädikative (etwa im Sinn von RUSSELLS Reduzibilitätsaxiom) ersetzen lassen sollte, sei es, daß trotz Scheiterns eines solchen Versuchs die erforderlichen Begriffsbildungen nachträglich durch einen Beweis der Widerspruchsfreiheit im Sinne HILBERTS (Vorl. 9/10, Nr. 8f.) zu rechtfertigen wären. Das letzte Verfahren würde auch noch der Forderung Genüge tun, zur Legitimierung des Unendlichen sich ausschließlich endlicher Verfahren zu bedienen, bei denen allein ja wohl über die unmittelbare, intuitive Anschaulichkeit und daher Sicherheit vor Widersprüchen allgemeine Übereinstimmung zu erzielen sein wird. Ob freilich nicht die eine wie die andere Methode — und zwar selbst bei einer Erweiterung des Rahmens durch Zulassung der Gesamtheit der natürlichen Zahlen als unmittelbar gegeben — doch die Kräfte des menschlichen Denkvermögens seiner Natur nach übersteigt, das ist eine offene und auf Grund mancher Erwägungen wohl ernstlich erlaubte Frage.

7. Historisches zur Axiomatik der Mengenlehre. Das vorstehend entwickelte Axiomensystem der Mengenlehre fußt auf dem von ZERMELO in einer bahnbrechenden Arbeit 1908 angegebenen (Zermelo 3), aus dem die Axiome der Vereinigung, der Potenzmenge und der Auswahl unverändert übernommen sind. Die wesentlichen Unterschiede gegen ZERMELOS Axiomensystem sind, abgesehen von der formalen Vermeidung eines „Bereiches" aller Mengen, die folgenden:

Die Relation der Gleichheit wird bei ZERMELO durch eine von der Relation ε zunächst unabhängige inhaltliche Erklärung eingeführt, aus der sich dann der Inhalt unseres Axioms I stillschweigend ergibt; demgemäß wird unsere Definition 2 dort als *besonderes Axiom* aufgestellt. Weiter werden bei ZERMELO außer Mengen noch andere „Dinge" als existierend zugelassen, so daß der Begriff der *Menge* — im Gegensatz zu den Dingen, die keine Mengen sind — einer Erklärung mittels ε bedarf; bei dieser Auffassung ist die Umwandlung der Definition 2 in ein Axiom, in dem das Wort „Menge" einen anderen, spezielleren Sinn erhält, in der Tat gar nicht zu vermeiden. Statt des Axioms der Paarung tritt bei ZERMELO ein umfassenderes Axiom auf, das noch die (hier bewiesenen) Sätze 1 und 2 (Vorl. 5/6, Nr. 6) als Forderungen enthält. Als absolutes Existenzaxiom fungiert bei ZERMELO unser Axiom VIIb; dessen nicht völlig zureichender Charakter ergab sich in Vorl. 5/6, Nr. 9, was uns dann zur Hinzufügung des Axioms der Ersetzung (Nr. 4) führte.[13])

All diese Abweichungen aber, die im wesentlichen nur Schönheitspflästerchen an dem großen Werk ZERMELOS darstellen, treten zurück hinter der Ersetzung des ZERMELOschen Axioms V[14]) durch Axiom V', d. h. der Ausmerzung des Eigenschaftsbegriffs (Fraenkel 3 und 6); diese Fortbildung vollendet

---

13) Vgl. Fraenkel 2; übrigens findet man eine zu besonderem Zwecke aufgestellte Forderung in Richtung des Ersetzungsaxioms schon bei Mirimanoff 1, S. 49. Zu diesem Axiom vgl. auch Skolem sowie v. Neumann 1 und 2.

14) ZERMELO sagt „definite" statt „sinnvolle" Eigenschaft; vgl. die schärfere Umgrenzung in Nr. 1.

die rein mathematische Fassung der Axiomatik und ermöglicht gerade infolge der Ausschaltung der allgemeinen Logik — trotz der scheinbar engen Fassung des Funktionsbegriffs — erst eine volle Ausnutzung des Aussonderungsaxioms und damit auch die Lösung von bisher offengebliebenen Fragen (vgl. Fraenkel 3 und 9).

Kritische Bemerkungen zu ZERMELOS Axiomatik findet man bei Poincaré 5 (S. 122 ff.) und Skolem. Die Hinweise SKOLEMS[15]) sind auch bei nicht intuitionistischer Einstellung beachtenswert (vgl. Fraenkel 4, S. 187 f., und die mehrfache Bezugnahme im Vorangehenden und Nachfolgenden). Eine leichte Modifikation des vorstehenden Axiomensystems gibt Kuratowski 3; die Abweichung besteht in der Hauptsache darin, daß statt des Paares $\{a, b\}$ (Axiom II) die Vereinigungsmenge $a + b$ gefordert wird.

Wesentlich andere Methoden, die Mengenlehre auf eine axiomatische Grundlage zu stellen, stammen von SCHOENFLIES (Schoenflies 2 und 3; diese Methode ist nur in sehr beschränktem Maß durchgeführt und durchführbar, vgl. Merzbach) sowie von v. NEUMANN (v. Neumann 2; vgl. auch die umfassende Ausführung in einer in der Math. Zeitschrift 1927 erscheinenden Abhandlung); der Ausgangspunkt der letzteren Arbeit, nach der der Kreis der existierenden Mengen ein weiterer ist als vorstehend, besitzt gewisse grundsätzliche Vorzüge, wenn er auch zunächst als ungewohnt und darum im Anfang etwas schwierig erscheint. In Vorbereitung ist eine weitere Axiomatisierung der Mengenlehre durch FINSLER (vergleiche Finsler).

Aufbau der Mengenlehre auf dem Axiomensystem.

I. Axiomatische Theorie der Äquivalenz.

8. Allgemeine Folgerungen aus dem Axiom der Aussonderung.
Unsere Hauptaufgabe ist jetzt, den Aufbau der Mengenlehre auf unserer axiomatischen Grundlage, wenn auch nur skizzenhaft,

---

[15]) Zur Verschärfung des Axioms der Aussonderung zieht SKOLEM die Grundoperationen des Logikkalküls heran.

128 Aufbau der Mengenlehre auf der Axiomatik: I. Äquivalenz

zu entwickeln und so zu zeigen, daß diese Grundlage trotz des einschnürenden Charakters der Axiome doch der Wissenschaft genügend Raum läßt, um die widerspruchsfreien Begriffsbildungen und Aussagen der historischen Mengenlehre CANTORS zu ermöglichen.

Zunächst lassen sich die Sätze 1 und 2 von Vorl. 5/6, Nr. 6, auch mittels Axiom V' beweisen. Für Satz 1, dessen Vordersatz durch Axiom VII (in jeder seiner Formen) überflüssig wird, versteht sich das von selbst. Der Beweis des Satzes 2 (S. 78) läßt sich so führen: Für den Fall $m = 0$ existiert jedenfalls die Menge $\{0\} = \mathfrak{U}0$ als Potenzmenge von 0. Ist dagegen m eine von der Nullmenge verschiedene Menge, so existiert nach Satz 1 und Axiom II das Paar $\{m, 0\} = M$, also auch die Menge $\{m\}$ als die Teilmenge derjenigen Elemente von M, die in $\{0\}$ nicht enthalten sind; in der Bezeichnung von Axiom V' ist $\{m\} = M_{x \notin \{0\}}$.[16]

Nachdem so Satz 2 feststeht, kann bei der Anwendung von Axiom V' für die Grundbeziehung ε bzw. $\notin$ ebensowohl auch die Beziehung = bzw. $\neq$ eintreten; denn $a = b$ ist ja gleichbedeutend mit $a \varepsilon \{b\}$. Ferner existiert, wie das Beispiel in Nr. 2 zeigt, auf Grund von Axiom V' der *Durchschnitt* beliebig vieler Mengen, die als Elemente einer und derselben Menge gegeben sind.

Um Mengen allgemeinerer Art ohne allzu große Schwierigkeiten bilden zu können, haben wir noch die Begriffe ,,alle" (jeder) und ,,es gibt" (irgendein, irgendwelche) zu formalisieren, nämlich ihre Verwendung dem Verfahren des Axioms V' einzuordnen. Das geschieht durch folgenden Doppelsatz (vgl. Fraenkel 6), zu dessen Formulierung wir einfachheitshalber Funktionen zweier Veränderlichen in dem in Nr. 2 gekennzeichneten Sinn heranziehen.

---

16) Diese einfachen Beweise der Sätze 1 und 2 sind übrigens die einzigen Stellen, wo man der Relation $\notin$ bedarf. Sonst kann man sich bei der Verwendung des Axioms V' stets auf die Grundrelation ε beschränken; denn die Menge $m_{\varphi(x) \notin \psi(x)}$ läßt sich, wenn $[n, p]$ wie in Nr. 2 den Durchschnitt der Mengen n und p bezeichnet, auch schreiben als $m_{[\{\varphi(x)\}, \psi(x)] \varepsilon \{0\}}$ (die Menge derjenigen Elemente x von m, für die die [ein einziges Element enthaltende] Menge $\{\varphi(x)\}$ *kein* gemeinsames Element mit der Menge $\psi(x)$ aufweist).

Allgemeine Hilfssätze

Hilfssatz 1. *Sind $\psi(x,y)$ und $\chi(x, y)$ gegebene Funktionen, und ist M eine konstante Menge oder auch eine gegebene Funktion von y, so gehört zu jeder Menge m eine Teilmenge $\bar{m}$ (bzw. $\bar{\bar{m}}$) von m, die all die Elemente y von m und nur sie enthält, welche für jedes Element x von M (bzw. für irgendein Element x von M) der Relation $\psi(x, y) \, \varepsilon \, \chi(x, y)$ genügen.*

Zum Beweise (vgl. auch den nächsten Absatz) definieren wir eine noch von y abhängige Teilmenge $\varphi(y)$ der Menge M gemäß Definition 4b als die Menge derjenigen Elemente x von M, die der Relation $\psi(x, y) \, \varepsilon \, \chi(x, y)$ bei noch unbestimmtem y genügen (x Hilfsveränderliche, y eigentliche Veränderliche). Dann ist $\bar{m}$ die Menge derjenigen Elemente y von m, für die $\varphi(y)$ *alle* Elemente von M umfaßt, d. h. $\bar{m} = m_{\,\varphi(y)\,=\,M}$; denn dann gilt eben für die Elemente y von $\bar{m}$ und *alle* Elemente x von M die Relation $\psi(x, y) \, \varepsilon \, \chi(x, y)$. Ebenso ist $\bar{\bar{m}} = m_{\,\varphi(y) \,\neq\, 0}$ die Menge derjenigen Elemente y von m, für die $\varphi(y)$ von der Nullmenge verschieden ist, also mindestens *irgendein* Element von M enthält.

Zur Veranschaulichung dieses etwas abstrakten Beweises und Satzes greife man wieder auf das Beispiel von Nr. 2 zurück, dessen Bezeichnung der hier verwendeten entspricht, wenn $\psi(x, y) = y$, $\chi(x, y) = x$ gesetzt wird und das dortige m' für das jetzige m eintritt. Der Durchschnitt $D = \bar{m}$ aller Elemente m', m'', ... der Menge M existiert nach unserem Hilfssatz 1 als die Menge derjenigen Elemente y von m', die für jedes Element x von M der Beziehung $y \, \varepsilon \, x$ genügen, d. h. die in allen Mengen m', m'', ... gleichzeitig vorkommen.

Hilfssatz 1 (in seinem nichtgeklammerten Teil) gestattet es, die Bildung des Produktes elementefremder Mengen (Satz 3 in Vorl. 5/6, Nr. 6) leicht auch mittels des Axioms V' statt V auszuführen. Der einzige sich nicht von selbst ergebende Punkt dieses Verfahrens, das im übrigen hier nicht mehr ausgeführt werden soll, betrifft die Eigenschaft einer Menge „nur ein einziges Element zu enthalten", woraus die Eigenschaft „ein Komplex zu sein" leicht folgt. Jene Eigenschaft wird auf eine für Axiom V' brauchbare Form gebracht durch die Bemerkung, daß für eine derartige Menge $A = \{a\}$ offenbar $\mathfrak{S} A = a$, also $A = \{\mathfrak{S} A\}$ ist; man überzeugt sich leicht, daß die letzte Beziehung auch *nur* für Mengen A mit einem einzigen Element gilt. Daher existiert bei gegebener Funktion $\varphi(x)$ z. B. nach Axiom V' die Menge $m_{\,\varphi\,x)} = \{\mathfrak{S}\varphi(x)\}$ derjenigen Elemente x von m, für die die Menge $\varphi(x)$ ein einziges Element enthält.

Mittels des Hilfssatzes 1 ist es leicht, ein weiteres Konstruktionsprinzip zu beweisen, dessen Verwendung den Aufbau der Mengenlehre aus den Axiomen außerordentlich erleichtert. Es lautet:

Hilfssatz 2. *Ist M eine Menge und $\varphi(x)$ eine Funktion, so existiert die Menge, die aus M hervorgeht, falls jedes Element x von M durch die Menge*

$\varphi(x)$ *ersetzt wird, vorausgesetzt daß all diese Mengen $\varphi(x)$ einer schon bekannten Menge m als Elemente angehören.*

In der Tat ist die gewünschte Menge nichts anderes als die Menge derjenigen Elemente y von m, die *für irgendein Element x von M der Beziehung $y = \varphi(x)$ genügen*, m. a. W. die irgendeinem Element $\varphi(x)$ gleich sind, falls x die Elemente von M durchläuft. Man hat also den eingeklammerten Prozeß des Hilfssatzes 1 derart durchzuführen, daß $y = \varphi(x)$ (d. h. $y \varepsilon \{\varphi(x)\}$) für $\psi(x, y) \varepsilon \chi(x, y)$ eintritt.

Hilfssatz 2 stimmt mit dem (nicht bewiesenen, sondern als unbeweisbar vielmehr postulierten) Axiom der Ersetzung (Nr. 4) überein bis auf die nunmehr am Schluß angeführte Voraussetzung. Diese ist also so wesentlich, daß durch ihre Weglassung der vorstehende, mittels der Axiome II—V' bewiesene Hilfssatz in eine *unbeweisbare Behauptung* übergeht, die darum für gewisse spezielle Zwecke als Axiom gefordert werden muß. In der allgemeinen Mengenlehre ist indes jene Schlußvoraussetzung regelmäßig erfüllt. Das Axiom der Potenzmenge gestattet da nämlich jeweils die Sicherung einer genügend umfassenden Menge m, die freilich neben den gewünschten Mengen $\varphi(x)$ auch noch andere, im einzelnen Fall gerade unerbetene Elemente umfassen wird; die Aussonderung lediglich der erwünschten Elemente von m erfolgt dann mittels Hilfssatz 2.

9. Der Äquivalenzbegriff innerhalb der Axiomatik und seine Verwendung. Die Hauptaufgabe ist jetzt, von unseren Axiomen aus die Theorie der Äquivalenz und die der geordneten Mengen aufzubauen. Wir müssen uns hier naturgemäß auf eine Schilderung der entscheidenden Ansätze und Gedankengänge beschränken; für die ziemlich schwierige vollständige Entwicklung ist auf Zermelo 3 und Fraenkel 6 und 9 zu verweisen.

Der Begriff der Äquivalenz und damit der (endlichen und unendlichen) Kardinalzahlen oder Mächtigkeiten beruht auf der naheliegenden Vorstellung einer umkehrbar eindeutigen Zuordnung zwischen Elementen verschiedener Mengen (Vorl. 1/2, Nr. 2). Vom axiomatischen Standpunkt aus dürfen wir diesen immerhin recht allgemeinen Begriff einer irgendwie denkbaren Zuordnung nicht etwa „als bekannt" voraussetzen, sondern müssen ihn auf die Grundrelation unserer Axiomatik ε zurückführen. Um uns einen Weg nach diesem Ziel zu bahnen, setzen wir zunächst zwei Mengen A und B als *elementefremd* und

Axiomatische Definition der Äquivalenz 131

zueinander im üblichen Sinne äquivalent voraus; es gebe also eine umkehrbar eindeutige Zuordnung zwischen den Elementen von A und B, die wir wie früher als eine *Abbildung* Φ zwischen beiden Mengen bezeichnen. Die Abbildung läßt sich auch als eine Menge schreiben; man hat zu diesem Zweck nur je zwei einander durch Φ zugeordnete Elemente von A und B zu einem Paar zu vereinigen und kann dann die Menge all dieser Paare, falls sie existiert, direkt als die Abbildung Φ betrachten, da sie ja in der Tat unzweideutig die Zuordnung vorschreibt. Eine solche Menge Φ läßt sich folgendermaßen vollständig charakterisieren: sie ist eine Menge von Paaren, deren jedes je ein Element von A und von B enthält, und zwar derart, daß jedes Element von A und von B in *einem und nur in einem* der Paare vorkommt. Die erste Eigenschaft besagt nach der Definition des Produktes (Vorl. 1/2, Nr. 6, und 5/6, Nr. 6), daß die Paare lauter Elemente des Produktes $A \cdot B$ sein müssen; bei diesem kommt aber freilich z. B. ein bestimmtes Element von A nicht wie in Φ bloß in *einem* Paar vor, sondern in so vielen Paaren, wie die Kardinalzahl von B angibt. So gelangen wir zu der folgenden, rein auf unsere Axiomatik gegründeten

Definition der Äquivalenz. *Sind A und B elementefremde Mengen, so heißt A äquivalent B, wenn das Produkt $A \cdot B$ eine Teilmenge Φ von der Art besitzt, daß jedes Element der Summe $A + B$ in einem einzigen Element von Φ auftritt. Φ heißt eine Abbildung zwischen den Mengen A und B.*

Mittels Hilfssatz 1 und der Formalisierung der Eigenschaft, „ein einziges Element zu enthalten" (beides in Nr. 8), ist es leicht, für zwei *beliebige* elementefremde Mengen A und B die Existenz der Menge Ω aller möglichen Abbildungen Φ zwischen ihnen nachzuweisen.

Da nämlich jede Abbildung Φ nach der letzten Definition eine Teilmenge von $A \cdot B$ sein muß, so wird Ω, falls existierend, eine Teilmenge der Potenzmenge $\mathfrak{U}(A \cdot B)$ darstellen. Ω existiert hiernach in der Tat als die Menge derjenigen Elemente y von $\mathfrak{U}(A \cdot B)$ (d. h. derjenigen Teilmengen y von $A \cdot B$), für die zu *jedem* Element x der Summe $A + B$ stets die Menge $\psi(x, y)$ der das Element x enthaltenden Elemente von y

nur ein einziges Element umfaßt; hierbei ist offenbar $\psi(x, y)$ eine Funktion im Sinne der Definition 4b.

Wenn Sie diesen reichlich abstrakten Schluß durchgedacht und sich völlig zu eigen gemacht haben, so wird Ihre Geduld zunächst in etwas zweifelhafter Weise belohnt mit dem scheinbar unsinnigen Resultat, daß man so, ausgehend von zwei *beliebigen* und also im allgemeinen keineswegs äquivalenten Mengen, die Menge aller zwischen ihnen bestehenden Abbildungen stets sichern kann — obgleich doch eine Abbildung nur zwischen *äquivalenten* Mengen möglich ist! Des Rätsels Lösung liegt indes nahe. Dann (und nur dann) natürlich, wenn A und B nicht äquivalent sind, wird sich ganz von selbst Ω auf die Nullmenge reduzieren, also keine Abbildung enthalten. Man kann sich also an Stelle der letzten Definition auch so ausdrücken: Die elementefremden Mengen A und B heißen äquivalent oder nicht, je nachdem die — jedenfalls existierende — Menge Ω aller Abbildungen zwischen ihnen (im soeben präzisierten Sinn) von o verschieden oder gleich o ist.

Auf Grund dieser definitorischen Einführung des Äquivalenzbegriffs lassen sich weiterhin diejenigen Teile der allgemeinen Mengenlehre, die den Ordnungsbegriff nicht benutzen, ohne entscheidende grundsätzliche Schwierigkeiten entwickeln. Z. B. bestimmt eine gegebene Abbildung Φ zwischen zwei äquivalenten elementefremden Mengen A und B eine Funktion $\varphi(x)$, die jedem Element x von A das ihm vermöge Φ entsprechende Element $\varphi(x)$ von B zuordnet und umgekehrt; in die Funktion $\varphi(x)$ geht natürlich die gegebene (konstante) Menge Φ ein. Somit sind zwei elementefremde Mengen dann und nur dann äquivalent, wenn es eine Funktion gibt, die jedem Element der einen Menge umkehrbar eindeutig eines der anderen zuordnet; man vergleiche dazu die Definition der Äquivalenz in Vorl. 1/2, Nr. 2! Weiter läßt sich der Begriff der Äquivalenz durch Zwischenschaltung einer geeigneten dritten Hilfsmenge auch auf *nicht elementefremde* Mengen übertragen, und fernerhin die vielfach störende Bedingung der Elementefremdheit ganz allgemein aus dem Wege räumen durch den Beweis des Satzes: Zu einer gegebenen Menge M, deren Elemente untereinander nicht elementefremd zu sein brauchen, läßt sich stets eine zu M äquivalente Menge $\overline{M}$ von folgender Eigenschaft angeben: je zwei durch eine gewisse Abbildung zwischen M und $\overline{M}$ einander zugeordnete Elemente beider Mengen sind einander äquivalent, und die Elemente von $\overline{M}$ sind überdies untereinander paarweise elementefremd. Kürzer: zu einer beliebigen Menge M läßt sich stets eine äquivalente Menge von bezüglich äquivalenten und paarweise elementefremden Elementen angeben. Dieser Satz gestattet, das *allgemeine Auswahlprinzip* abzuleiten, d. h. sich im Axiom der Auswahl (Vorl. 5/6, Nr. 6) von der zuweilen lästigen[17] Voraussetzung der Elementefremdheit frei zu machen; man kann nämlich nach dem vorigen Satz zu einer Hilfsmenge mit paarweise elementefremden Elementen übergehen und eine der Auswahlmengen der Hilfsmenge, wie solche nach dem Auswahlaxiom existieren, als eine Vorschrift auffassen, die jedem Element der gegebenen Menge ein darin enthaltenes Element als „ausgezeichnetes" zuordnet.

Von den übrigen aus den Axiomen folgenden Sätzen der Äquivalenztheorie, zu denen namentlich auch die die Größenordnung der Kardinalzahlen betreffenden (mit Ausnahme des Vergleichbarkeitssatzes) gehören, werde noch hervorgehoben der Satz von CANTOR, wonach die Potenzmenge $\mathfrak{U}M$ einer beliebigen Menge M stets von größerer Mächtigkeit ist als M selbst (Vorl. 1/2, Nrn. 5/6). Axiom V' zeigt sich auch zum Beweise dieses Satzes, der den Aufstieg zum Kontinuum und zu immer größeren Mächtigkeiten gestattet, als völlig ausreichend; das ist besonders bemerkenswert angesichts der in Nr. 3 angeführten Erwägungen (S. 113).

Die Mächtigkeiten oder Kardinalzahlen selbst werden in dieser ganzen Theorie überhaupt nicht eingeführt. Die mit ihrer scharfen Definition verbundenen Schwierigkeiten, von denen in der ersten Vorlesung (S. 5) die Rede war, bleiben unter dem axiomatischen Gesichtspunkt unverändert. Abgesehen von der zuweilen sich

---

17) Vgl. die Verwendung des Auswahlaxioms in Beispiel 3 der Nr. 7 von Vorl. 5/6, eine Verwendung, die für die Wohlordnung des Kontinuums und überhaupt für den Beweis des Wohlordnungssatzes unerläßlich ist.

etwas schleppend gestaltenden Ausdrucksweise bedeutet indes diese Vermeidung des Kardinalzahlbegriffs keine Beeinträchtigung der Theorie; die allein wesentlichen Relationen „eine Menge ist von gleicher (kleinerer, größerer) Kardinalzahl wie eine andere Menge" lassen sich ja einwandfrei auf den Äquivalenzbegriff zurückführen. Es liegt übrigens auch eine axiomatische Begründung des Systems der (endlichen und unendlichen) *Kardinalzahlen selbst* vor (Fraenkel 1), wobei naturgemäß wiederum der Mengenbegriff zurücktritt und statt der (nachträglich durch Definition im erforderlichen Maß eingeführten) Mengen vielmehr die Kardinalzahl als Grundbegriff der Axiomatik erscheint.

Neunte und zehnte Vorlesung.

Theorie der Ordnung. Die endlichen Mengen. Über die Vollständigkeit, Widerspruchsfreiheit und Unabhängigkeit des Axiomensystems.

II. Axiomatische Theorie der Ordnung.

1. Vorbereitende Betrachtungen. Für die Theorie der geordneten Mengen gilt dasselbe, was oben (S. 130) der Äquivalenztheorie vorangeschickt wurde. Wie dort des Begriffes der Zuordnung, so bedürfen wir hier einer *Ordnungsrelation* ≺, die die üblichen Eigenschaften besitzt (vgl. Vorl. 1/2, Nr. 7) und demgemäß den Elementen der zu betrachtenden Menge eine bestimmte Reihenfolge zuweist. Ebenso wie bei der Äquivalenz dürfen wir auch hier die Ordnungsrelation nicht etwa als unmittelbar gegeben voraussetzen, wie das in der CANTORschen Mengenlehre geschieht und auch im täglichen Leben üblich ist (wenn man z. B. von einer Menge ganzer Zahlen, die nach einer Regel geordnet sind, spricht). Auch hier also ergibt sich von selbst die Aufgabe, den Begriff der Ordnung auf die Grundrelation ε unserer Axiomatik zurückzuführen; sie ist im wesentlichen von HESSENBERG und KURATOWSKI gelöst worden. (Hessenberg 1, Kap.

28, und 4, S. 74, vgl. auch G. COMBÉBIAC [Zitat in Kuratowski 1]; Kuratowski 1; Fraenkel 7; vgl. auch Mirimanoff 2; eine vom Standpunkt der Anschaulichkeit vorzuziehende, begrifflich-axiomatisch aber weniger einfache Modifikation der Methode KURATOWSKIS gibt Sierpiński 3.)

Um zu dieser axiomatischen Begriffsbestimmung der Ordnung zu gelangen, gehen wir zunächst einmal von einer geordneten Menge m im gewöhnlich üblichen Sinne aus und verstehen unter einem *Rest* von m jede (von selbst wiederum entsprechend geordnete) Teilmenge von m, die gleichzeitig mit einem beliebigen in ihr vorkommenden Element a von m stets auch all diejenigen Elemente von m enthält, die vermöge der Ordnung von m auf a *nachfolgen*. Ein Rest fällt also, anschaulich gesprochen, mit einem gewissen „Ende" von m zusammen, das mehr oder weniger weit vorne (unter Umständen sogar mit dem Anfang von m) beginnen kann; auch die Nullmenge kann hiernach als Rest der geordneten Menge aufgefaßt werden. Dann besitzt die zunächst wiederum ganz naiv gebildete Menge R *aller* Reste der geordneten Menge m die folgenden vier Eigenschaften, wie unmittelbar einleuchtet und auch nicht schwer streng zu beweisen ist:

a) Von je zwei beliebigen Elementen von R (d. h. beliebigen Resten von m) ist (mindestens) eines Teilmenge des andern (nämlich der „später beginnende" Rest);

b) sind a und b zwei beliebige verschiedene Elemente von m, so gibt es mindestens ein Element von R (d. h. einen Rest von m), das *eines* der beiden Elemente a und b enthält (wenn z. B. in m das Element b auf a nachfolgt, so ist der Rest, der b und alle darauf folgenden Elemente von m enthält, von der gewünschten Art);

c) ist R_0 eine beliebige Menge von Resten von m (also eine Teilmenge von R), so sind sowohl die Vereinigungsmenge $\mathfrak{S} R_0$ wie auch der Durchschnitt aller Elemente von R_0 wiederum Reste von m, somit Elemente von R;

d) die Nullmenge und die Menge m selbst sind Elemente von R.

Umgekehrt sind diese vier Eigenschaften für die Menge aller Reste von m *charakteristisch*, d. h. eine Menge von Teilmengen der geordneten Menge m, die diese Eigenschaften besitzt, ist notwendig mit R identisch.[1])

Es ist bequem einen kurzen Ausdruck für die erste Eigenschaft zu prägen, nach der alle Reste sich ihrem Umfange nach in eine Richtung ständigen Zu- oder Abnehmens bringen lassen; mit einer in der Mathematik vielfach analog gebrauchten Bezeichnung nennen wir eine Menge von Teilmengen der Menge m *monoton*, wenn sie die Eigenschaft a) besitzt.

Wie KURATOWSKI a. a. O. hervorgehoben hat, lassen sich die Eigenschaften b), c) und d) weit kürzer und begrifflich einfacher durch die einzige Tatsache beschreiben, daß die Menge R die *größtmögliche* Menge von Teilmengen der geordneten Menge m ist, die die Eigenschaft a) (monoton zu sein) besitzt; m. a .W. man kann zwar jeder *anderen* monotonen Menge von Teilmengen von m, nicht aber der Menge R weitere Teilmengen von m als Elemente hinzufügen, ohne die Eigenschaft a) anzutasten. Jede monotone Menge von Teilmengen der geordneten Menge m, die in diesem Sinn *so umfassend wie überhaupt möglich* gewählt ist, besitzt also von selbst die Eigenschaften b)—d) und fällt demnach mit R zusammen.

2. Der Begriff der geordneten Menge innerhalb der Axiomatik. Die bisherige Betrachtung, bei der wir von einer geordneten Menge ausgingen, ist nur dazu bestimmt, uns den Weg zu weisen zu einer axiomatischen Begriffsbestimmung der Ordnung in einer *ungeordneten* Menge. Wir verstehen also nunmehr unter

---

1) Um diese umkehrbar eindeutige Korrespondenz nachzuweisen, wonach also zu einer gegebenen Ordnung von m auch nur eine einzige Menge R gehört, bedarf man aller vier Eigenschaften; in der Literatur fehlte bisher die vierte und zum Teil auch der auf den Durchschnitt bezügliche Teil der dritten Eigenschaft. — Es sei übrigens hervorgehoben, daß die Bevorzugung der *Reste*, d. h. der *End*stücke der Menge, natürlich willkürlich ist und sich nur an die historische Entwicklung anschließt; man könnte statt dessen ebensogut die *Anfangs*stücke (Abschnitte) betrachten, und dies ist für die Theorie der *Wohlordnung* in der Tat praktischer.

Axiomatische Definition der Ordnung

m eine Menge im Sinne unserer Axiomatik, somit ohne Voraussetzung einer Ordnungsrelation, und setzen fest:

Definition der Ordnung. *Eine Menge m — im Sinne der Axiomatik, also ohne Ordnung verstanden — heißt ordnungsfähig, wenn es eine monotone Teilmenge M der Potenzmenge* U*m von größtmöglichem Umfange gibt, oder schärfer: wenn es eine Menge M, deren Elemente Teilmengen von m sind, von folgenden beiden Eigenschaften gibt*:

a′) *von je zwei Elementen von M ist mindestens eines Teilmenge des anderen*;

b′) *falls M eine Teilmenge einer die Eigenschaft* a′) *besitzenden Teilmenge M̄ von* U*m ist, so gilt M = M̄.*

Eine Menge M mit diesen Eigenschaften wird als eine die Menge m ordnende *Menge bezeichnet.*

Um von einer solchen ordnenden Menge M zu einer Ordnung von m im üblichen Sinne, also zur Definition einer zwischen je zwei Elementen von m bestehenden Ordnungsrelation zu gelangen, hat man vor allem mit KURATOWSKI zu zeigen, daß aus den Eigenschaften a′) und b′) von selbst die vorher angeführte Eigenschaft b) folgt (vgl. Nr. 1). Ist dieser Beweis geführt, so gibt es, wenn a und b zwei beliebige Elemente von m sind, mindestens ein Element von M, das ein einziges von beiden, etwa b, als Element enthält; wie aus a′) unmittelbar folgt, gibt es dann unter den Elementen von M keines, das nur a, nicht aber b als Element enthielte. Unter diesen Umständen wird, wie es nach Nr. 1 nahe liegt, $a \prec b$ („a vor b") gesetzt, womit also von selbst $b \prec a$ (und übrigens auch die Relation $a \prec a$) ausgeschlossen wird. Man überzeugt sich leicht, daß hiernach aus $a \prec b$ und $b \prec c$, wo a, b, c Elemente der durch M geordneten Menge m bedeuten, stets $a \prec c$ folgt. Nach Vorl. 1/2, Nr. 7, ist also die hiermit definierte Relation $\prec$ eine Ordnungsrelation, durch deren Einführung vermöge M die Menge m zu einer im üblichen Sinn geordneten Menge wird. Jede m ordnende Menge M bestimmt also eindeutig eine geordnete Menge im gewöhnlichen Sinne, welche dieselben Elemente wie *m* enthält, und diese Aussage läßt sich nach Nr. 1 auch umkehren.

Schon hieraus erhellt, daß es zu einer ordnungsfähigen Menge *m* im allgemeinen nicht nur *eine*, sondern verschiedene ordnende Mengen M geben wird (zu einer unendlichen Menge *m* sogar unendlich viele verschiedene). Infolge der umkehrbar eindeutigen Korrespondenz gehören nämlich zu verschiedenen Ordnungen von *m* im gewöhnlichen Sinn, wie sie nach Vorl. 1/2, Nr. 7, vorhanden sind, auch verschiedene ordnende Mengen M, die jeweils der Menge aller Reste einer jeden Ordnung von *m* entsprechen.

Einige Beispiele mögen diese axiomatische Theorie der Ordnung veranschaulichen. Ist *m* die Menge aller natürlichen Zahlen 1, 2, 3, . . ., und versteht man unter M die Menge, die alle Mengen der Form $\{n, n+1, n+2, \ldots\}$ (*n* beliebige natürliche Zahl) und noch die Nullmenge als Elemente enthält, so sind die Eigenschaften a') und b') erfüllt. Sind *a* und *b* zwei verschiedene natürliche Zahlen, von denen etwa *b* die größere sei, so gibt es mindestens ein Element von M, das *b*, aber nicht *a* enthält; z. B. das Element $\{b, b+1, b+2, \ldots\}$ von M. Nach unserer Festsetzung ist also in diesem Fall $a \prec b$. M definiert somit die geordnete Menge der natürlichen Zahlen in der gewöhnlichen Reihenfolge nach der Größe der Zahlen.

Als ein zweites Beispiel bedeute *m* die Menge aller Punkte einer beiderseits begrenzten, etwa von links nach rechts verlaufenden geradlinigen Strecke einschließlich ihrer Endpunkte. M sei die Menge *aller* Teilstrecken, die von beliebigen Punkten der Strecke bis zu deren rechtem Endpunkte reichen, wobei sowohl die Fälle zu rechnen sind, in denen der beliebig gewählte linksseitige Endpunkt der Teilstrecke mit zur Teilstrecke gezählt wird, als auch die Fälle, wo dieser fortbleibt (wo also die Teilstrecke nur rechtsseitig mit Endpunkt versehen, links aber „offen" ist); jede Strecke wird als die Menge aller zu ihr gehörigen Punkte aufgefaßt. Sind dann *a* und *b* zwei beliebige Punkte der ganzen Strecke und ist etwa *a* links von *b* gelegen, so gibt es mindestens ein Element von M, das *b*, nicht aber *a* als Element enthält; z. B. die Teilstrecke, die

b und alle rechts davon gelegenen Punkte der Strecke enthält. Nach unserer Festsetzung ist also $a \prec b$; M definiert somit die geordnete Menge aller Punkte der Strecke in der Reihenfolge von links nach rechts.

Hätte man von den zugrunde gelegten Eigenschaften a)—d) auf die vierte verzichtet, so gäbe es im ersten Beispiel zu der der Größe nach geordneten Menge aller natürlichen Zahlen noch eine zweite ordnende Menge, die aus der obigen M durch Streichung des Elements $\{1, 2, 3, \ldots\}$ (d. h. der Menge m selbst) entsteht. Unterdrückte man andererseits den auf den Durchschnitt bezüglichen Teil der Eigenschaft c), so würde im zweiten Beispiel zu der im Sinne von links nach rechts geordneten Menge aller Punkte der Strecke noch eine weitere ordnende Menge gehören, die aus der obigen M entsteht, indem alle *beiderseits* mit Endpunkten versehenen Teilstrecken unter den Elementen von M fortgelassen werden.

3. Die Probleme der axiomatischen Theorie der geordneten Mengen. Die Theorie der geordneten Mengen läßt sich auf dieser Grundlage unter bloßer Benutzung unserer Axiome vollständig entwickeln; für die Durchführung, die bei ZERMELO noch fehlt, ist auf Fraenkel 9 und die in Vorbereitung befindliche Fortsetzung dieses Aufsatzes, die die Theorie der Wohlordnung behandeln soll, zu verweisen. Natürlich muß hierbei auch der Begriff der *wohlgeordneten* Menge auf die Relation ε zurückgeführt werden. Bei der Benutzung des Axioms V' und der Hilfssätze 1 und 2 (Vorl. 7/8, Nr. 8) sind keine wesentlichen grundsätzlichen Schwierigkeiten mehr zu überwinden. Entsprechend wie in der Äquivalenztheorie existiert auch hier zu je zwei (elementefremden) geordneten Mengen die Menge aller ähnlichen Abbildungen zwischen ihnen (vgl. Vorl. 1/2, Nr. 7); je nachdem diese gleich 0 ist oder nicht, heißen die beiden Mengen einander „nicht ähnlich" oder „ähnlich". Was das Axiom der Ersetzung betrifft (Vorl. 7/8, Nr. 4), so ist es bemerkenswerterweise auch für die allgemeine Theorie der Ordnung und Wohlordnung nicht erforderlich; die *allgemeine* Mengenlehre kann also in ihrem ganzen Umfang aus den Axiomen I—VII hergeleitet werden. Wenn man dagegen — wie es wohl nicht notwendig, aber höchst wünschenswert und auch möglich ist — die *Ordnungszahlen* in die axiomatisierte Mengenlehre einführen will, so ist dazu (wenigstens für die existentialen Sätze) das Axiom der Ersetzung ganz unentbehrlich, und zwar unter der gleichzeitigen Erweiterung des Funktionsbegriffs, wie sie in Fußnote 8 von Vorl. 7/8 (S. 114) angedeutet ist. Die Bedeutung des Ersetzungsaxioms wird durch diese seine Notwendigkeit zur Konstruktion relativ einfacher Ordnungszahlen noch klarer beleuchtet als durch das Bedürfnis, es zur Bildung gewisser äußerst umfassender Mengen heranzuziehen.

Bei alledem bleibt noch eine interessante Frage offen. Der Wohlordnungssatz (Vorl. 1/2, Nr. 9, und 5/6, Nr. 8), dessen Beweis in Zermelo 2 bereits eine im wesentlichen axiomatisierte Form zeigt (vgl. auch Vieler), behauptet ja, daß eine beliebige ungeordnete Menge sogar *auf die spezielle Art der Wohlordnung*, um so mehr also *überhaupt irgendwie* geordnet werden kann. Gemäß der Definition der Ordnung in der vorigen Nr. existiert also zu *jeder* Menge m, im Sinn der Axiomatik verstanden, eine ordnende Menge M, d. h. die (jedenfalls existierende, aber a priori möglicherweise auf 0 zusammenschrumpfende) Menge aller möglichen ordnenden Mengen von m ist *stets von 0 verschieden*. Diese Aussage, wonach jede Menge überhaupt ordnungsfähig ist, erscheint aber nicht nur um ihres allgemeineren Charakters willen, sondern auch an Hand konkreter Beispiele als schwächer im Vergleich zum Wohlordnungssatz; z. B. ist für das Kontinuum, dessen *Wohlordnung* so außerordentlichen Schwierigkeiten begegnet, ohne weiteres eine *Ordnung* angebbar (Ordnung der reellen Zahlen der Größe nach, der Punkte einer Strecke in einer der Richtungen dieser Strecke). Der Beweis des Wohlordnungssatzes beruht nun auf dem Auswahlaxiom als entscheidendem Hilfsmittel (Vorl. 5/6, Nr. 8, drittes Beispiel); übrigens ist das Auswahlaxiom auch sonst, wie für die Mengenlehre überhaupt, so im besonderen für die Theorie der geordneten Mengen erforderlich, z. B. schon zur Ermöglichung des Rechnens mit Ordnungstypen bzw. Ordnungszahlen (vgl. das zweite Beispiel a. a. O. sowie Fraenkel 9, Nr. 40). Es erheben sich somit zwei Fragen, die beide noch der Beantwortung harren:

A) Läßt sich die gegenüber dem Wohlordnungssatz anscheinend schwächere Behauptung, daß eine beliebige Menge stets überhaupt ordnungsfähig ist, vielleicht auch mittels einer schwächeren Forderung als der des Auswahlaxioms beweisen?

B) Falls man in unserem Axiomensystem das Auswahlaxiom durch eine gemäß A) gekennzeichnete schwächere Forderung, etwa geradezu durch die Forderung der Ordnungsfähigkeit jeder beliebigen Menge, ersetzt, wie weit kann man dann mit dem so abgeschwächten Axiomensystem noch Mengenlehre treiben?

Die zweite Frage wird natürlich gegenstandslos, falls die Untersuchung der ersten etwa ergeben sollte, daß die Forderung der Ordnungsfähigkeit gleichwertig ist mit dem Auswahlaxiom und somit mit dem Wohlordnungssatz.

Wie in der Theorie der Äquivalenz der Begriff der Kardinalzahl, so wird auch in der axiomatischen Theorie der geordneten Mengen der Begriff des Ordnungstypus und der Ordnungszahl zunächst vermieden, nämlich auf den Begriff der Ähnlichkeit (wohl)geordneter Mengen zurückgeführt.[2]) Auch hier existieren übrigens, wenigstens für den Begriff der Ordnungs*zahlen*, Methoden der direkten Einführung (v. Neumann 1, Tarski 3), von denen die erste sich auch unmittelbar zur Verwendung innerhalb der Axiomatik eignet.

Über die endlichen Mengen.

4. Stellung des Problems. Was die Behandlung *spezieller* Mengen innerhalb der Axiomatik betrifft, so gebührt unter den *unendlichen* Mengen naturgemäß die Aufmerksamkeit zunächst den abzählbar unendlichen Mengen. Deren Behandlung führt auf keine besonderen Probleme; man findet einiges hierüber in den die axiomatische Theorie der Äquivalenz behandelnden Arbeiten

---

2) Für eine allgemeine Methode, den Gebrauch der unendlichen Ordnungszahlen zu vermeiden, vgl. Kuratowski 2.

(vgl. S. 130) sowie bei Vieler, S. 31–37. Dagegen darf die Theorie der *endlichen* Mengen ein besonderes Interesse beanspruchen.

Die naive, anschauliche und scheinbar einer Zergliederung nicht mehr bedürftige Vorstellung von der Endlichkeit einer Menge geht offenbar zurück auf den als bekannt vorausgesetzten Begriff der natürlichen Zahl; etwa: eine Menge A heißt endlich, wenn es eine natürliche Zahl n derart gibt, daß A der Menge $\{1, 2, 3, \ldots, n\}$ äquivalent ist (ferner noch $A = 0$). Will man den Begriff der Endlichkeit und die Theorie der endlichen Mengen unmittelbar aus den Axiomen ohne Voraussetzung des Zahlbegriffs ableiten, so darf dieser in seiner Allgemeinheit auch nicht etwa in versteckter Weise eingeschmuggelt werden; vielmehr wären dann umgekehrt die natürlichen Zahlen mittels der Theorie der endlichen Mengen zu begründen, gleichwie der Begriff der allgemeinen Kardinalzahlen (Mächtigkeiten) von CANTOR auf den Mengenbegriff gestützt wird. Dabei bleibe dahingestellt, ob es überhaupt möglich oder auch nur besonders erstrebenswert ist, bei der Behandlung der endlichen Mengen zunächst auf die Benutzung der kleinsten Zahlen („kein", „ein", „zwei", auch wohl noch „drei") zu verzichten; schließlich dürften diese schon bei den einfachsten logischen Operationen, deren sich eine mathematische Theorie jedenfalls nicht ganz entledigen kann, implizit oder explizit zur Verwendung kommen. Ebenso soll hier die Frage unerörtert bleiben, ob die Zurückführung des Zahlbegriffs auf den Mengenbegriff überhaupt vom logischen oder gar vom psychologisch-didaktischen Gesichtspunkte aus als möglich, naturgemäß und wünschenswert zu betrachten ist (vgl. dazu Nr. 10). Dagegen werde die einleuchtende Bemerkung vorangeschickt, daß man bei einer mengentheoretischen Begründung der Lehre von den endlichen Mengen soweit als irgend möglich auf die Benutzung der Axiome der Auswahl und des Unendlichen (Axiome VI und VIIb) verzichten sollte. Für das Auswahlaxiom liegt diese Forderung deshalb nahe, weil sein Inhalt für endliche Mengen beweisbar ist (vgl. Vorl. 5/6, Nr. 7, S. 82); für das Axiom des Unendlichen, weil es ein höchst unerfreulicher Umweg wäre, die Existenz unendlicher Mengen zur Begründung der Theorie der endlichen Mengen heranzuziehen.

Es entsteht also die Aufgabe, die Theorie der endlichen Mengen in ihrem ganzen Umfang mittels der Axiome I—V und VII a zu begründen, wobei die Frage außer acht bleibe, inwieweit schon in diese Axiome der Zahlbegriff implizit eingeht. Wie zunächst vielleicht überraschen mag, ist diese Aufgabe noch keineswegs vollständig gelöst, und es muß sogar bezweifelt werden, ob sie, so gestellt, überhaupt in vollem Umfange lösbar ist (vgl. Nr. 6).

5. Herleitung der Theorie der endlichen Mengen aus der Axiomatik. Den Ausgangspunkt einer Theorie der endlichen Mengen bildet naturgemäß eine Definition des Begriffs der endlichen Menge (unter Benutzung des Grundbegriffs „Menge" der Axiomatik); je nach der Wahl dieser Ausgangsdefinition werden die Theorien sich im einzelnen verschieden gestalten. Natürlich muß die Gleichwertigkeit der verschiedenen Ausgangspunkte und damit der Theorien beweisbar sein.

Sieht man ab von der naiven, auf den Zahlbegriff gestützten Vorstellung, so ist die älteste und am bekanntesten gewordene Definition der Endlichkeit einer Menge die von DEDEKIND gegebene; nach ihr[3]) wird eine endliche Menge in negativer Form, d. h. im Gegensatz zu der positiv definierten unendlichen Menge erklärt, nämlich als eine Menge m, die *keiner* „echten" (d. h. von m selbst verschiedenen) *Teilmenge von m äquivalent ist*. Von den zahlreichen andersartigen Definitionen der endlichen Menge seien nur einige wenige in chronologischer Reihenfolge erwähnt (vgl. die Literaturangaben bei Tarski 2): Eine Menge heißt endlich, wenn sie einer „doppelten Wohlordnung" fähig ist, d. h. wenn sich ihre Elemente so anordnen lassen, daß jede Teilmenge sowohl ein erstes wie auch ein letztes Element enthält (WEBER-STÄCKEL); eine Menge m heißt endlich, wenn eine echte Teilmenge von m auf eine andere ebensolche Teilmenge derart abgebildet werden

---

3) Von DEDEKIND stammt noch eine weitere, den Begriff der „Kette" benutzende Definition der Endlichkeit.

kann, daß bei *jeder* Zerlegung von m in zwei elementefremde Summanden ($m = m_1 + m_2$) einer der Summanden ein Element enthält, dessen (vermöge der Abbildung entsprechendes) Bild dem anderen Summanden angehört (Zermelo 4, S. 186; Grelling 2, S. 12); eine Menge m heißt endlich, wenn sie jeder Menge M von Mengen als Element angehört, die erstens die Nullmenge enthält und die zweitens, falls a ein beliebiges Element von m, n ein beliebiges Element von M ist, neben n auch noch das Element $n + \{a\}$ enthält (Whitehead Russell, Vol. II, *120 · 23)[4]); eine Menge m heißt endlich, wenn in jeder (von o verschiedenen) Teilmenge u der Potenzmenge $\mathfrak{U}m$ mindestens ein Element von relativ kleinstem Umfang vorkommt, d. h. ein Element, von dem keine weitere Teilmenge in u als Element auftritt (Tarski 2, S. 48f.).

Die Einfachheit dieser und anderer Definitionen darf nicht zu sehr nach dem äußeren Wortlaut abgeschätzt werden; z. B. ist die Definition ZERMELOS keineswegs so kompliziert, wie sie zunächst aussieht. Die in die Definitionen zum Teil eingehenden Begriffe der Äquivalenz (Abbildung) und der Ordnung (Wohlordnung) müssen natürlich im Sinne der axiomatischen Definitionen dieser Begriffe aufgefaßt werden. Daher sind die ohne diese Begriffe auskommenden Definitionen allgemeinhin als einfacher anzusehen, so z. B. diejenigen von RUSSELL (die erste so beschaffene) und von TARSKI. Unter diesen beiden wiederum hat die zweite den Vorzug, daß man zur Entscheidung über die Endlichkeit einer Menge nur diese selbst und ihre Teilmengen, nicht aber weitere Mengen von allgemeinerem Charakter in Betracht zu ziehen braucht.

Hat man sich für irgendeine Definition der endlichen Menge als Ausgangspunkt entschieden, so entsteht die Aufgabe, aus ihr die grundlegenden Sätze der Theorie der endlichen Mengen abzuleiten. Der wichtigste unter ihnen ist das *Prinzip der voll-*

---

[4]) Dort zunächst nicht als Definition, sondern als Satz eingeführt; die RUSSELLsche Typentheorie, auf die sich das ganze Werk gründet, setzt im Grunde die natürlichen Zahlen voraus.

Definitionen der Endlichkeit. Vollständige Induktion

ständigen Induktion, (vgl. Vorl. 3/4, Nr. 10), das sich in folgender Form aussprechen läßt: 𝕰 sei eine Eigenschaft, die erstens der Nullmenge (oder auch: jeder nur ein einziges Element enthaltenden Menge) zukommt und die zweitens einer Menge *m* stets dann zukommt, wenn schon jede aus *m* durch Weglassung eines beliebigen Elementes entstehende Menge die Eigenschaft 𝕰 besitzt; dann kommt die Eigenschaft 𝕰 *jeder* endlichen Menge zu. Dieses Prinzip läßt sich übrigens ohne weiteres auch in einer Form aussprechen, bei der der Eigenschaftsbegriff vermieden wird; man gelangt dann zu der — als Lehrsatz aufzufassenden — Definition von RUSSELL. Dieses Prinzip gestattet einfache und in der Hauptsache nach einer bestimmten Schablone verlaufende Beweise der meisten Sätze über endliche Mengen.

Hervorgehoben sei unter diesen noch der Satz, wonach — ohne Heranziehung des Auswahlprinzips — jede endliche Menge ordnungsfähig ist, ferner jede beliebige Ordnung einer solchen von selbst eine Wohlordnung ist und schließlich zwei verschiedene Ordnungen der nämlichen endlichen Menge stets *ähnliche* geordnete Mengen ergeben. Die letzte Behauptung drückt sich in der Sprache des täglichen Lebens in der Tatsache aus, daß zu einer *endlichen* Anzahl (Kardinalzahl) stets nur eine einzige Ordnungszahl gehört, m. a. W. daß man bei der Durchzählung einer endlichen Menge, in welcher Reihenfolge auch immer die Elemente herangenommen werden, stets auf das nämliche Ordnungsschema,, erstens, zweitens, . . ., *n*tens" kommt; diese Tatsache ist also nur scheinbar selbstverständlich, in Wirklichkeit aber eines Beweises bedürftig und fähig. Im Gegensatz dazu gehören zu einer *unendlichen* Kardinalzahl stets verschiedene, sogar unendlich viele verschiedene Ordnungstypen und Ordnungszahlen (vgl. Vorl. 1/2, Nr. 7).

Aus der Theorie der endlichen Mengen werde schließlich noch der Satz angeführt, wonach die Potenzmenge einer endlichen Menge stets wieder endlich ist; oder umgekehrt ausgedrückt: wonach eine Menge, deren Potenzmenge unendlich ist, selbst unendlich ist. Es ist eine interessante und meines Wissens noch nicht gelöste Aufgabe, diesen Satz — ausgehend etwa von DEDEKINDS Definition — ohne den Umweg über die vollständige Induktion direkt zu beweisen, wenn auch eventuell unter Mitheranziehung des Auswahlaxioms.

Auf der Grundlage einer Theorie der endlichen Mengen kann man die Lehre von den endlichen Kardinalzahlen und Ordnungszahlen, deren geeignete Definition keine Schwierigkeiten verursacht, nunmehr entwickeln und das für sie gültige Prinzip der vollständigen Induktion beweisen, wonach jede endliche Zahl eine Eigenschaft $\mathfrak{E}$ besitzt, falls $\mathfrak{E}$ erstens der Zahl 1 und zweitens neben irgendeiner Zahl n auch noch der nächstfolgenden $n + 1$ zukommt. Dieses sonst bei der Begründung der Zahlenlehre offen oder versteckt als Axiom vorangestellte Prinzip erscheint also, wenn man die Axiome I—V der Mengenlehre zugrunde legt, als beweisbarer Satz. In solchem Sinn läßt sich also die Arithmetik mittels der Mengenlehre begründen (vgl. indes Nr. 10).

6. Über die Gleichwertigkeit der Definitionen der Endlichkeit. Besonders interessante Seiten zeigt das Problem, die *Gleichwertigkeit* der verschiedenen Definitionen der endlichen Menge zu zeigen, also zu beweisen, daß eine Menge dann und nur dann endlich im Sinne einer bestimmten Definition ist, wenn sie es auch im Sinne irgendeiner anderen Definition ist. Setzt man eine Menge m als endlich im Sinne einer der vier letzten oben angeführten Definitionen voraus (also ausschließlich der DEDEKINDschen), so läßt sich mittels der Axiome I—V zeigen, daß m auch endlich ist im Sinne einer beliebigen anderen der fünf genannten sowie der sonst bekannten Definitionen. Geht man dagegen von DEDEKINDS Definition und einer in ihrem Sinne endlichen Menge m aus, so kann man, wie es scheint, nur unter Zuhilfenahme des Auswahlaxioms zeigen, daß m auch endlich ist im Sinne einer der übrigen obigen Definitionen. Sieht man also vom Auswahlaxiom ab, so könnte es Mengen geben, die keiner echten Teilmenge äquivalent und doch nicht im gewöhnlichen Sinn endlich sind (nichtreflexiv und nichtinduktiv in RUSSELLS Ausdrucksweise). Ähnliches gilt für folgende Definition: m ist endlich, wenn die Potenzmenge $\mathfrak{U}m$ keiner echten Teilmenge von sich selbst äquivalent ist; eine solche Menge m ist zwar auch endlich im Sinne DEDEKINDS, aber die Umkehrung sowie auch die Endlichkeit von m im Sinne der übrigen angeführten Definitionen scheint ohne das Auswahlaxiom nicht möglich.

Man kann demgemäß die verschiedenen denkbaren Definitionen der Endlichkeit in eine Reihe aufeinanderfolgender Gruppen von nachstehender Art einteilen: mittels der Axiome I—V läßt sich beweisen, daß die verschiedenen Definitionen eder einzelnen Gruppe untereinander gleichwertig sind und daß jede im Sinn irgendeiner Definition endliche Menge auch noch endlich ist im Sinne jeder Definition, die einer späteren Gruppe als jene angehört; zum Übergang in der umgekehrten Richtung bedarf man dagegen des Auswahlaxioms. Bemerkenswert ist hierbei namentlich, daß die Definition DEDEKINDS keineswegs den Vorzug verdient, der ihr von ihrem Schöpfer (auch gegenüber seiner anderen Definition) und in der Regel auch weiterhin beigelegt worden ist; sie erweist sich vielmehr im bezeichneten Sinn gegenüber den meisten Definitionen als unterlegen. Zu diesen und verwandten Fragen vergleiche man Tarski 2.

Schließlich legt dieser Sachverhalt noch eine Frage von allgemeiner axiomatischer Bedeutung nahe (vgl. auch die analoge Fragestellung am Ende der Nr. 3): wenn man mittels der Axiome I—V die Gleichwertigkeit gewisser Definitionen der Endlichkeit nicht nachzuweisen vermag, ist dann zum Zweck dieses Nachweises vielleicht schon eine schwächere Aussage als das Auswahlaxiom hinreichend oder nicht? Eine Beantwortung dieser Frage im letzteren Sinn würde darauf hinauskommen, daß aus der Behauptung der Gleichwertigkeit zweier geeigneter Definitionen der Endlichkeit auch umgekehrt das Auswahlaxiom hergeleitet werden kann; eine solche Behauptung wäre dann mit diesem Axiom *gleichwertig*, wie das für den Wohlordnungssatz und den Vergleichbarkeitssatz schon in Vorl. 5/6, Nr. 8, hervorgehoben worden ist.

Über die Vollständigkeit, Widerspruchsfreiheit und Unabhängigkeit des Axiomensystems.

Von den drei in der Überschrift bezeichneten Problemen sollen (im Hinblick auf unser Axiomensystem) die beiden ersten nur kurz behandelt werden. Sie sind gegenwärtig von ihrer Lösung noch weit entfernt.

7. Über die Vollständigkeit des Axiomensystems. Von der Vollständigkeit eines Axiomensystems kann man in zweifachem Sinne sprechen. Einmal im Sinne der Forderung, daß die Aussagen der für ein Wissenschaftsgebiet aufgestellten Axiome und die durch sie den Grundbegriffen aufgeprägte formale Bedeutung hinreichen sollen, um die Beantwortung *jeder* in dem betreffenden Gebiete (hier: der Mengenlehre) denkbaren und mittels der betreffenden Grundrelationen (hier ε) ausdrückbaren Frage deduktiv aus den Axiomen zu ermöglichen, sei es im Sinn einer positiven Lösung oder in dem eines Unmöglichkeitsbeweises. So verstanden, hängt die Frage der Vollständigkeit offenbar eng mit der allgemeineren zusammen, ob überhaupt jedes mathematische Problem einer Lösung fähig ist (vgl. Vorl. 3/4, Nr. 8). Man denke etwa an das berühmte, seit Jahrhunderten von vielen der größten Mathematiker vergebens umstrittene „letzte FERMATsche Theorem" (S. 68), das durch den für seinen Beweis ausgesetzten und jetzt — zum Glück für alle an der Prüfung der einlaufenden Beweise beteiligten Mathematiker — durch die Inflation wieder verschwundenen Hunderttausendmarkpreis berüchtigt geworden ist; nach ihm soll die Summe der $n$ten Potenzen zweier natürlicher Zahlen für $n > 2$ niemals wieder eine ebensolche $n$te Potenz sein. Wer an die Lösbarkeit jeder mathematischen Frage glaubt und etwa das FERMATsche Theorem zwar für richtig, aber mit den heutigen Hilfsmitteln nicht für beweisbar halten sollte, der muß sich auf den Standpunkt stellen, daß das Axiomensystem der Zahlenlehre noch nicht vollständig sei, sondern der Hinzufügung eines noch unbekannten Axioms (etwa des FERMATschen Theorems selbst) bedürfe. Wenn auch in diesem arithmetischen Fall kaum jemand ernsthaft an die Unvollständigkeit des Axiomensystems im angegebenen Sinn glauben wird, so ist die Sachlage bei der Mengenlehre schon etwas anders: die Tatsache, daß das Kontinuumproblem sich bis heute allen Versuchen, an es heranzukommen, spröde entzieht, hat gelegentlich (vergleiche Sierpiński 5) die Anschauung entstehen lassen, es sei zur Bewältigung dieses Problems die Hinzufügung eines weiteren Axioms zu den Axiomen der Mengenlehre erforderlich. Ein solches neues Axiom könnte entweder mit der CANTORschen Kontinuumshypothese gleichwertig oder aber — das wäre natürlich erwünschter — von schwächerer Art sein. Jedenfalls wird ein *Beweis* für die Vollständigkeit des Axiomensystems einer mathematischen Disziplin in diesem Sinn nie zu erbringen sein; ein solcher Beweis müßte ja wohl die Lieferung eines Rezeptes zur Lösung jedes einschlägigen Problems bedeuten, die betreffende Disziplin also im Grunde völlig erschöpfen.

Einen engeren, aber auch schärfer faßbaren Sinn gewinnt die Forderung der Vollständigkeit eines Axiomensystems, wenn sie von den Axiomen eine so weitgehende („kategorische") Festlegung der Grundbegriffe und Grundrelationen (hier Menge und ε) verlangt, daß die existierenden Mengen und ihre Verknüpfungen durch ε eindeutig bestimmt sind. M. a. W.: hat man auf zwei verschiedene Arten den Mengenbegriff und die ε-Relation inhaltlich (und somit den ersteren auch dem Umfang nach) so gedeutet, daß alle Axiome erfüllt sind, so sollen sich die Mengen des einen Systems *umkehrbar eindeutig* denen des anderen Systems derart zuordnen lassen, daß eine im einen System richtige Beziehung $a \,\varepsilon\, b$ bei Ersetzung von a und b durch die zugeordneten Mengen stets in eine richtige Beziehung des anderen Systems übergeht.[5]) Man kann dann von einer *formal eindeutigen* oder *vollständigen* (wenn auch keineswegs inhaltlichen) Festlegung der Grundbegriffe — hier des Mengenbegriffs — durch die

---

5) Man denke an den Isomorphismus in der Gruppen- und Körpertheorie, wo es sich um den nämlichen Gedanken handelt!

Axiome und somit von einem vollwertigen Ersatz einer Mengen-*definition* durch die axiomatische Methode sprechen. Im Fall der Geometrie ist eine derart vollständige Festlegung der Grundbegriffe „Punkt", „Gerade", „Ebene" durch das Axiomensystem HILBERTS gewährleistet; dagegen kann man leicht ein *unvollständiges* System geometrischer Axiome aufstellen, das für die angeführten Grundbegriffe außer ihrer üblichen Deutung auch noch z. B. die Deutung durch „Punkt", „Kreislinie" (Scheingerade), „Kugelfläche" (Scheinebene) gestattet.

Wie wir zu Ende der 6. Vorlesung (S. 101) gesehen haben, ist das System unserer Axiome I—VII auch in diesem Sinne jedenfalls nicht vollständig; es bleiben z. B. die beiden Möglichkeiten, daß Mengen wie die dort geschilderten oder auch andersartige (vgl. S. 115) entweder wohl oder nicht existieren (vgl. auch Skolem, Nr. 6). Um diesen Schönheitsfehler nach Möglichkeit zu heilen, war zu Ende der 6. Vorlesung von der Aufstellung eines weiteren Axioms, des „Beschränktheitsaxioms", die Rede. Es ist aber, wie erwähnt, noch höchst unsicher, ob die Einführung eines solchen Axioms überhaupt sinnvoll ist; in v. Neumann 2 wird diese Frage wie überhaupt die Möglichkeit einer *vollständigen* Festlegung im angeführten Sinne mit guten Gründen verneint. Eine Andeutung, wie in der gerade entgegengesetzten Richtung (der des HILBERTschen Vollständigkeitsaxioms, vgl. a. a. O.) die Kategorizität des Systems anzustreben sein könnte, findet man bei Mollerup; doch wird dieser Weg wohl höchstens für wohlumgrenzte *Teilgebiete* der allgemeinen Mengenlehre gangbar sein.

8. Wesen und Bedeutung der Widerspruchsfreiheit eines Axiomensystems. Das Problem der Widerspruchsfreiheit betrifft die Zulässigkeit der Axiome im einzelnen und in ihrer Gesamtheit; es stellt gleichzeitig eine Plattform für die Auseinandersetzung mit dem Intuitionismus dar.

Wenn die einzelnen Axiome einfach genug gewählt sind, so ist freilich kaum zu befürchten, daß ein einzelnes Axiom in sich selbst einen Widerspruch birgt. Bekommen doch die Grundbegriffe erst durch die Axiome eine gewisse Bedeutung und somit

Wesen der Widerspruchsfreiheit überhaupt

durch ein *einzelnes* Axiom noch so wenig Inhalt, daß eine widerspruchsvolle Überbestimmtheit gewiß nicht zu besorgen ist! Der Sachverhalt ist ja im Grunde der, daß von den fast unbeschränkten Realisierungsmöglichkeiten, die auf Grund eines oder einiger Axiome zunächst gegeben sind, die meisten sich erst auf Grund der weiteren Axiome — die somit einen *ausschließenden* Charakter tragen — sukzessive verflüchtigen.[6]) Eine ernstere Frage aber ist es, ob die Axiome *in ihrer Gesamtheit* miteinander verträglich sind, d. h. ob sich aus ihnen zusammengenommen auf deduktivem Weg — also mittels solcher Schlüsse, die aus widerspruchsfreien Aussagen immer nur ebensolche abzuleiten gestatten — nicht etwa Folgerungen ziehen lassen, die einander widersprechen. Z. B. sind die beiden Behauptungen „ein Außenwinkel eines ebenen Dreiecks ist größer als jeder ihm nicht anliegende Innenwinkel" und „je zwei in der nämlichen Ebene verlaufende Geraden haben mindestens einen Schnittpunkt" innerhalb eines geeigneten Axiomensystems der Geometrie jede für sich zulässig; fügt man sie aber *gleichzeitig* einem System üblicher Art als Axiome ein, so stößt man auf Widersprüche, weil man auf Grund des ersten Satzes zwei Gerade angeben kann, die keinen Schnittpunkt besitzen. Es erhebt sich also die Forderung, nachzuweisen, daß derartige Widersprüche aus dem Axiomensystem nicht ableitbar, dieses somit widerspruchsfrei ist.

Man denke nicht etwa, das Streben nach einem Widerspruchsfreiheitsbeweis für ein gegebenes Axiomensystem sei eine Art Sport, an dessen Stelle man sich besser konkreteren und frucht-

---

6) Vgl. hierzu Geiger, S. 32. Diese Auffassung ist übrigens nicht nur für die dort sog. „charakterisierenden" Axiome berechtigt, sondern auch für die „existenzsetzenden", speziell für die bedingten Existenzaxiome (vgl. Vorl. 5/6, Nrn. 5 und 6); dadurch nämlich, daß die Existenz gewisser Objekte (als Realisierung der Grundbegriffe) gefordert wird, namentlich solcher, die zu anderen schon existierend gedachten in vorgeschriebener Relation stehen, werden für die Deutung der Grundbegriffe und Grundrelationen von selbst die Grenzen immer enger und enger gezogen. Das läßt sich an Hand willkürlich gewählter vorläufiger Deutungsversuche leicht veranschaulichen.

bareren Problemen zuwenden möge; habe man doch in anderen Wissenschaften und auch in der älteren Geschichte der Mathematik jenem Problem keine Beachtung geschenkt! Gewiß bedarf man keines Nachweises für das widerspruchslose Dasein und Funktionieren einer Außenwelt, sofern man überhaupt an eine solche glaubt, und auch viele Erzeugnisse unserer Gedankenwelt können ruhig, mit mehr oder weniger Berechtigung im einzelnen, als widerspruchslos hingenommen werden, sofern nämlich die betreffenden Begriffsbildungen — auf primitiv-inhaltlichen Ideen und daran anschließenden Definitionen beruhend — und daher auch die mit ihnen geformten Aussagen hinreichend anschaulich oder einleuchtend, kurz „evident" sind.[7]) Das gilt auch vielfach von den „Axiomen" und „Postulaten" des EUCLID, die inhaltliche Aussagen sind. Von alledem ist aber im Fall einer Axiomatik im modernen Sinn keine Rede. Die in einer solchen auftretenden Grundbegriffe und Grundrelationen sind ja überhaupt nicht definiert, also ohne jede inhaltliche Kennzeichnung, und die Axiome, die ihnen als Ersatz eine gewisse formale Prägung aufdrücken wollen, können also keineswegs evident oder auch nur plausibel sein. Daß sie uns so erscheinen, liegt nur daran, daß wir bei ihnen unwillkürlich oft an die gleichbezeichneten Begriffe der definitorisch aufgebauten Theorie denken, die ja aber gerade ausgeschaltet werden soll. Um uns vor der Eventualität zu schützen, daß die Axiome unsinnig, d. h. miteinander unverträglich sind, ist also ein Beweis ihrer Widerspruchsfreiheit ganz und gar unentbehrlich; die Intuitionisten freilich, die ja die axiomatische Methode überhaupt zugunsten der Konstruktion verwerfen, haben ihn nicht nötig.

Ganz besonders brennend ist das Problem der Widerspruchsfreiheit im Falle der Mengenlehre, hier auch unabhängig von ihrer Axiomatisierung. Hier sind ja etwaige Widersprüche nicht bloße Schreckgespenste, sondern sie haben sich sogar

---

7) Daß man es freilich mit dieser Evidenz vielfach (auch in der Mathematik) zu leicht genommen hat und die Folgen dann oft nicht ausgeblieben sind, beweist die Geschichte der Wissenschaft zur Genüge.

schon im definitorischen Aufbau CANTORS in Gestalt der Antinomien wirklich gezeigt. Freilich gestatten die Axiome den Nachweis, daß die uns bekannten Antinomien in der axiomatisierten Mengenlehre nicht auftreten können (vgl. Vorl. 7/8, Nr. 5); der Zaun der Axiomatik bewahrt, um mit POINCARÉ zu sprechen, die legitimen Schafe der einwandfreien Mengenlehre davor, einen Angriff der paradoxienbehafteten Wölfe auf ihre umfriedete Hürde befürchten zu müssen. Gegen die Dauerhaftigkeit des Zaunes ist kein Bedenken möglich. Wer aber garantiert, daß innerhalb des Zaunes nicht unversehens einige Wölfe zurückgeblieben sind, die, heute von uns noch nicht bemerkt, eines Tages auf die Schafherde losbrechen und aufs neue wie zu Beginn dieses Jahrhunderts das inzwischen umzäunte Reich verwüsten könnten? M. a. W.: wie sichern wir uns davor, daß die Axiome verborgen in sich selbst Keime tragen, die, sobald sie durch Schlüsse hinreichend miteinander in Wechselwirkung gesetzt sind, noch unbekannte Widersprüche erzeugen mögen?

Wenn auf diese ernste Frage eine beruhigende Antwort überhaupt möglich ist, so hat das noch eine besondere Bedeutung. In der axiomatischen Mengenlehre sind (vgl. namentlich Vorl. 7/8, Nrn. 3 und 6) die nicht-prädikativen Prozesse keineswegs ausgeschlossen, vielmehr sogar unumgänglich nötig, obgleich sich bei ihrer Benutzung auch der nicht auf den Intuitionismus eingeschworene Mathematiker eines unbehaglichen Fröstelns nicht ganz erwehren mag. Ebenso wird der — freilich schon weit salonfähigere — Satz vom ausgeschlossenen Dritten, der indes von BROUWER und seinen Anhängern so entschieden abgelehnt wird, der Axiomatik wesentlich zugrunde gelegt (vgl. a. a. O., S. 114). Wenn nun der Nachweis der Widerspruchsfreiheit des Axiomensystems, das namentlich auch den bedenklich erscheinenden Begriff der Potenzmenge umfaßt, wirklich gelingt, so ist damit gezeigt, daß die Anwendung jener beiden umstrittenen „transfiniten" Schlußweisen, wenn auch nicht a priori, so doch a posteriori zulässig ist, nämlich zu keinem Widerspruch führen kann. Die transfiniten Schlußweisen würden so zwar nicht durch ihre inhaltliche Wahrheit und Einsichtigkeit, wohl aber durch ihre unzweifelhafte Gefahrlosigkeit (trotz ihrer Tragweite!) legitimiert. Dies etwa ist der Standpunkt HILBERTS, der somit den methodischen Ausgangspunkt seiner intuitionistischen Gegner weitgehend — allerdings zum Zweck der Bestreitung ihrer Thesen — selbst aufnimmt; man könnte ihn geradezu als Intuitionisten bezeichnen.

Das Gelingen eines solchen Widerspruchsfreiheitsbeweises würde noch ein Bedenken psychologischer Art aufklären und lösen, das in manchem unter Ihnen beim Nachdenken über die intuitionistische Lehre aufgestiegen sein mag. Wer heute probeweise ein bestimmtes erkenntnistheoretisches oder ethisches Problem den Philosophen der Welt zur Lösung stellen wollte, der könnte im voraus sicher sein, eine Reihe nicht nur aneinander vorbeigehender, sondern sogar einander widersprechender Antworten zu erhalten. Das ist einfach darauf zurückzuführen, daß (auch eine vollkommen deduktive und zwingende Schlußführung in den eigentlichen Beweisen angenommen) die Voraussetzungen und Ausgangsthesen verschieden sind und einander mehr oder weniger zuwiderlaufen. Wenn dagegen das versuchsweise gestellte Problem eigentlich mathematischer Natur ist — mag es selbst den schwierigsten Teilen der Mengenlehre angehören —, so ist schlimmstenfalls, nämlich von intuitionistischer Seite, die Antwort zu gewärtigen, das gestellte Problem sei sinnlos; von all denen aber, die seinen Sinn bejahen, sind nach allen bisherigen Erfahrungen nur übereinstimmende Antworten auf die gestellte Frage zu erwarten. Dieses Ergebnis muß dem als seltsam erscheinen, der die intuitionistische Kritik als berechtigt oder wenigstens als in sich möglich anerkennt und somit in der Benutzung der nicht-prädikativen Schlußweise, des Satzes vom ausgeschlossenen Dritten, der reinen Existenzprinzipien von der Art des Auswahlaxioms usw. falsche Voraussetzungen verwendet glaubt; warum führen diese nicht wie überall sonst zu Widersprüchen, sondern zu Schlußfolgerungen, die, wenn nicht richtig, so doch zum mindesten übereinstimmend sind? Der verschiedene Ausfall des gedachten Experiments im philosophischen und im mathematischen Fall wird aber sofort verständlich, wenn die verwendeten „falschen" Prinzipien sich doch mit den übrigen Axiomen der Mathematik als widerspruchsfrei verträglich erweisen. Dann kann man eben bei ihrer Mitbenutzung ebensowenig zu widerstreitenden Resultaten gelangen, wie das möglich ist, wenn man allein von den *allgemein* anerkannten Prinzipien der Mathematik ausgeht.

Allerdings darf andererseits die Bedeutung eines Widerspruchsfreiheitsbeweises auch nicht überschätzt werden. Sie hängt entscheidend ab von dem Sinn, den man mit dem Begriff der *mathematischen Existenz* verbindet. Nach der heute vorherrschenden und namentlich von der Schule HILBERTS, doch auch z. B. von POINCARÉ (vgl. z. B. Poincaré 4, S. 137) vertretenen Auffassung *existiert* in der Mathematik, was *widerspruchsfrei* ist[8]; höchstens noch der *Erfolg* wird als zusätzliches Kriterium für die Rechtmäßigkeit einer widerspruchsfreien Begriffsbildung zugelassen. Hiernach ist die Existenz der wie immer gewählten Deutungen der Grundbegriffe einer Axiomatik und die Zulässigkeit der auf Grund der Axiome angewandten Schlußweisen gesichert, sobald gezeigt ist, daß man durch Schlußfolgerungen aus den Axiomen niemals zu einander widersprechenden Ergebnissen gelangen kann. Von diesem Standpunkt aus ist allerdings der Beweis der Widerspruchsfreiheit das Alpha und Omega einer Axiomatik, ja sogar eines mathematischen Wissensgebietes überhaupt, welches vornehmlich auch zu eben diesem Zwecke der Axiomatisierung bedarf.

Solcher Anschauung steht indessen scharf gegenüber[9]) die Mei-

---

8) Das schließt natürlich nicht aus, daß schon *vor* dem Nachweis der Widerspruchsfreiheit der Mathematiker seine als widerspruchsfrei vermuteten Begriffe zunächst postulieren kann (und in praxi beinahe immer so verfährt). Vgl. z. B. Hessenberg 2, S. 146.

9) Auch von rein philosophischer (und speziell logistischer) Seite wird öfter hervorgehoben, daß erst die Existenz eines Begriffs seine Widerspruchslosigkeit verbürge und nicht umgekehrt (vgl. z. B. die Literaturangaben bei Hölder, S. 114). Doch fehlt es von dieser Seite noch an einer befriedigenden Umgrenzung des Begriffs „Existenz" in der Mathematik.

nung BROUWERS und seiner Anhänger, wonach in der Mathematik Existenz nichts anderes bedeutet als (gedankliche) Konstruierbarkeit aus intuitiv gegebenen Grundelementen; nach dieser Auffassung würde die Mathematik, wenn sie alles zuließe, was widerspruchsfrei ist, in ein schrankenloses Spiel ausarten, während nur das Teilgebiet des Konstruierbaren wissenschaftlichen Charakter behielte. Der Gegensatz zwischen beiden Anschauungen ist von wesentlich dogmatischer Art und läßt wenig Hoffnung auf einen Ausgleich durch Überzeugung des Gegners; die Menschen sprechen eben, wie POINCARÉ sagt, verschiedene Sprachen, und nicht jede Sprache läßt sich von jedermann erlernen. Immerhin sollte man glauben, daß dem Gelingen eines Widerspruchsfreiheitsbeweises auch von den Intuitionisten, wenn nicht entscheidender, so doch bedeutsamer Erkenntniswert zuzusprechen wäre; dies ist auch z. B. die Meinung WEYLS. Für den Axiomatiker aber handelt es sich in ganz bestimmtem Sinn um das höchste Problem der Mathematik überhaupt.

9. Über Methoden zum Beweis der Widerspruchsfreiheit. In *relativem* Sinn hat dieses Problem bereits für verschiedene mathematische Teilgebiete seine volle Erledigung gefunden; nämlich im Sinne der Zurückführung auf die Widerspruchsfreiheit eines anderen Gebietes. So hat HILBERT, um die Aufgabe für die Geometrie zu lösen, eine umkehrbar eindeutige und isomorphe Beziehung oder Abbildung zwischen der von ihm axiomatisierten Geometrie und der üblichen Arithmetik hergestellt, derart daß jeder geometrische Satz (d. h. jede Folgerung aus den Axiomen der Geometrie) in einen Satz der gewöhnlichen Arithmetik übergeht; der Übergang ist nach rein mechanischen Regeln vorgeschrieben und ausführbar, ähnlich wie sich der Übergang von Sätzen einer Sprache mittels eines idealen Wörterbuchs in die entsprechenden Sätze einer anderen Sprache vollziehen würde, wenn der Geist beider Sprachen völlig übereinstimmte. Irgend zwei oder mehrere geometrische Sätze, im besonderen also auch Axiome, entsprechen so bestimmten Sätzen der gewöhnlichen Arithmetik, und wiesen jene einen logischen Widerspruch miteinander auf, so müßte ein Widerspruch genau gleichartigen Charakters bei der Übersetzung in die Sprache der Arithmetik erscheinen. Die Arithmetik ist aber „bekanntlich" widerspruchsfrei, also gilt dasselbe von den Axiomen der Geometrie. — Ein anderer bedeutsamer Beweis dieser Art, der ganz *innerhalb* der Geometrie verläuft, ist der zuerst von F. KLEIN gegebene Nachweis für die Widerspruchsfreiheit der nichteuklidischen Geometrie; er stützt sich darauf, daß sich zwischen der nichteuklidischen Geometrie und einem gewissen, als Modell verwendeten Teilbereich der gewöhnlichen (euklidischen) Geometrie eine Abbildung der vorhin geschilderten isomorphen Art herstellen läßt.[10]

Derartige Beweise der Widerspruchsfreiheit mittels Zurückführung auf ein anderes Gebiet sind natürlich innerhalb der Mathematik nur in beschränktem Maße möglich. Der Regressus endet nicht erst im Unendlichen, sondern nach wenigen großen Schritten bei der Lehre von den natürlichen Zahlen und der Mengenlehre; ob erstere auch noch auf letztere zurückgeführt werden kann (vgl. nächste Nr.), tut grundsätzlich nichts zur Sache. Hier bedarf es zwecks Begründung der *absoluten* Widerspruchsfreiheit einer Methode, mittels deren man, wie es scheint, sich gleich Münchhausen am eigenen Schopfe auf soliden Boden müßte retten können.

Ein solcher Weg ist von HILBERT gewiesen worden; nach einem nicht geglückten älteren Versuch (vgl. Hilbert 1, Anhang VII) sowie einer groß angelegten, nach Problemstellung und Grundmethode weitgehend mit HILBERT parallelen Untersuchung JULIUS KÖNIGS (vgl. König) ist dieser Weg erst in allerjüngster

---

10) In kleinerem Maßstab ist diese Methode auch schon früher vielfach geübt und anerkannt worden. Man denke z. B. an die Rechtfertigung der komplexen Zahlen einerseits durch WESSEL-ARGAND-GAUSS, andererseits durch CAUCHY (sowie die Verallgemeinerung der letzteren Methode durch KRONECKER und STEINITZ)! Der grundsätzlichen Einstellung nach nähert sich diese Methode dem, was CANTOR die Begründung der *transienten* Realität wissenschaftlicher Begriffe nennt, während der Nachweis der von ihm als *immanent* bezeichneten Realität seine höchste Steigerung in der neuen Methode HILBERTS erfährt. Vgl. indes auch den Schluß dieser Nr.

Zeit von HILBERT im Verein namentlich mit BERNAYS methodisch und mit gewissem Erfolge beschritten worden.[11]) Einstweilen liegen nur Teilarbeiten vor; ein endgültiges Urteil über das Gelingen ist daher nicht möglich, weil unscheinbare Zwischenglieder innerhalb des Gesamtaufbaus über dessen Erfolg oder Zirkelhaftigkeit entscheiden können. Auf das Wesen dieser Methoden, über die an dieser Stelle vor einigen Monaten näher berichtet worden ist[12]), ist hier nicht der Ort näher einzugehen. Nur folgendes sei bemerkt: Den Ausgangspunkt, dessen Vorhandensein glücklicherweise den Vergleich mit Münchhausen zuschanden werden läßt, bilden (in einer wenigstens *grundsätzlich* bedeutsamen Anknüpfung an KANT[13])) gewisse primitive, ,,unmittelbar anschauliche" Objekte und Tatsachen, wobei jedoch ,,anschaulich" in unvergleichlich viel engerem Sinn verstanden wird als seitens der Intuitionisten. Während die Axiomatik und damit die ganze eigentliche Mathematik in rein *formaler* Weise vorgeht (vgl. Vorl. 5/6, Nr. 1), operiert die auf den Beweis der Widerspruchsfreiheit abzielende Betrachtung, die der Mathematik als ,,Metamathematik" gegenüber tritt, von ihrem anschaulichen Ausgangspunkt aus mit *inhaltlichen* Gedankengängen; sie sucht namentlich auch die *unendlichen* Prozesse der allgemeinen Mengenlehre in analoger Weise mittels *endlicher* Prozesse zu begründen oder zu verifizieren, wie das für die ältere Analysis durch die Methoden von WEIERSTRASS und anderen gelungen ist. Letzten Endes handelt es sich also auch hier gewissermaßen um die Konstruktion eines Modells, auf dessen

---

11) Hilbert 3—5, Ackermann 1 und 2 sowie eine demnächst erscheinende Arbeit von v. NEUMANN; vgl. dazu Stammler, S. 154 ff. Für gemeinverständliche Kennzeichnung der Methode vgl. Bernays 1, Fraenkel 8, Weyl 2 und 3. Ein einschlägiger Teilversuch mit wesentlich engerer Zielsetzung bei Dingler 1.

12) Im März 1925 hat W. ACKERMANN in Kiel Vorträge über die Methode und die Ergebnisse HILBERTS und seiner Mitarbeiter gehalten.

13) Inwiefern KANT überhaupt als Vorläufer oder sogar als Schöpfer der axiomatischen Betrachtung im neueren Sinn betrachtet werden kann, dafür vergleiche man Scholz, besonders S. 8.

Widerspruchsfreiheit diejenige der eigentlichen Mathematik etwa im Sinn des vorletzten Absatzes zurückgeführt werden soll. Von den behandelten Einzelaufgaben interessiert im Zusammenhang mit unseren Betrachtungen besonders das Problem der Widerspruchslosigkeit und Verträglichkeit des Auswahlaxioms (Hilbert 4, Ackermann 2) sowie des Prinzips von der Lösbarkeit jedes mathematischen Problems (Hilbert 5).

10. **Die Zahlenlehre ein Teilgebiet der allgemeinen Mengenlehre?** Hier ist der Ort, nochmals auf die Frage der Begründung der natürlichen Zahlen oder der endlichen Mengen durch die allgemeine Mengenlehre zurückzukommen (vgl. Nr. 4). HILBERTS Theorie bezweckt namentlich auch die Lehre von den natürlichen Zahlen als widerspruchsfrei zu erweisen; sie darf und will daher (im Gegensatz zu den Intuitionisten) die natürlichen Zahlen und die vollständige Induktion nicht als anschaulich gegeben voraussetzen. Es liegt nahe — und so denken auch viele nicht dem Intuitionismus auf Gedeih und Verderb Verschriebene — a priori den Erfolg dieses Unternehmens zu bezweifeln; u. a. in der (hier nur andeutungsweise zu berührenden) Erwägung, daß es sich um den Nachweis der Unmöglichkeit handle, durch *beliebig viele* Schlüsse zu einem Widerspruch zu gelangen, und daß schon in diesem „beliebig viel" das induktive Moment in seiner Allgemeinheit vorausgesetzt werde, auf dessen Begründung es gerade ankommt und von dem nur ein sehr spezieller Kern unter den primitiven Anschauungsgrundlagen der Metamathematik HILBERTS zugrunde gelegt wird.

Von dieser Anschauung aus wäre um so mehr natürlich der Gedanke als absurd zu verwerfen, daß die Mengenlehre, in deren Begründung und Widerspruchsfreiheit doch mindestens im gleichen Maße jenes induktive Moment eingeht, ihrerseits die Lehre von den natürlichen Zahlen begründen solle. Freilich können sich die sehr beachtlichen Verfechter dieses Gedankens, also der Zurückführung des Endlichen auf das Unendliche als das Einfachere, in logischer Beziehung sogar allenfalls auf DESCARTES berufen (Zitate in Weyl 3, S. 38).

Es ist namentlich das Axiom der Aussonderung, das sowohl in seiner ursprünglichen loseren wie in der verschärften Form (Funktionsbegriff!) den Zahlbegriff in erheblichem Maß in sich zu bergen scheint (vgl. Vorl. 7/8, Nr. 3); das steht im Einklang mit der von uns gewonnenen Erkenntnis, wonach dieses Axiom, aus dem das Axiom der Potenzmenge erst seine wahre Bedeutung schöpft, im Mittelpunkt des ganzen Axiomensystems steht. In der Tat dürfte es bei einer in der ganzen Anlage nicht grundsätzlich verschiedenen Axiomatik (d. h. bei einer solchen, die den Mengenbegriff als einzigen undefinierten Grundbegriff enthält und gewisse Grundprozesse der Mengenbildung vorzeichnet) ganz unvermeidlich sein, zwecks hinreichender Freiheit in der Mengenbildung axiomatisch einen Prozeß einzuführen, in den das induktive Moment eingeht, oder der (vgl. S. 56) abzählbar unendlich viele Zählaussagen in sich umfaßt. Diese wie auch andere Erwägungen (vgl. auch Skolem, Nr. 7) legen es nahe zu glauben, es möge systematisch vorzuziehen oder sogar unvermeidlich sein, die Lehre von den natürlichen Zahlen unabhängig von der allgemeinen Mengenlehre zu begründen und diese Theorie bei der Axiomatisierung der Mengenlehre bereits vorauszusetzen.[14])

Unabhängig hiervon ist natürlich die *psychologische* Seite dieser Frage, die von POINCARÉ doch wohl allzusehr als Argument im logischen Sinn ins Treffen geführt worden ist; die Frage nämlich,

---

[14]) Es muß hervorgehoben werden, daß auch bei der Entscheidung für diesen Weg ein Bedenken grundsätzlicher Art auftaucht, das eine nähere Untersuchung verdient (mündlicher Hinweis von J. v. NEUMANN). Wenn man bei der Axiomatisierung der Mengenlehre die natürlichen Zahlen voraussetzt, die man andererseits aus den Axiomen der Mengenlehre heraus nachträglich gemäß Nr. 5 begründen kann, so fragt es sich, ob *jene natürlichen Zahlen ,,dieselben'' sind wie diese*. Schärfer ausgedrückt: da gemäß den in Vorl. 3/4, Nr. 11, erwähnten Untersuchungen eine von vornherein abzählbar unendliche Menge diesen Charakter nicht auch in bezug auf ein gegebenes Axiomensystem der Mengenlehre beizubehalten braucht, in diesem vielmehr z. B. ,,endlich'' (wie auch überabzählbar) sein könnte, so bedürfte es erst einer besonderen Sicherung dafür, daß die aus dem Axiomensystem heraus abgeleiteten endlichen Zahlen den von anderer Quelle her eingeführten und vorausgesetzten auch wirklich entsprechen.

ob man mit Fug und Recht das Reich der allgemeinen Mengen erschließt und kennenlernt, ohne die Unterscheidung zwischen Endlichem und Unendlichem vorauszusetzen oder überhaupt definiert zu haben, und gewissermaßen gegen Ende der Entdeckungsreise diesen Unterschied begrifflich festlegt, um dann in einer bescheidenen Ecke des unabsehbaren Gebietes den endlichen Mengen und den natürlichen Zahlen zu begegnen.

Übrigens wird durch solche Bedenken bezüglich der zirkelfreien Begründbarkeit der natürlichen Zahlen mittels eines Beweises der Widerspruchsfreiheit m. E. der Gedankengang HILBERTS noch keineswegs in seinem Lebensnerv getroffen. Auch wenn man sich gezwungen sieht, die natürlichen Zahlen als etwas Gegebenes und somit als Ausgangspunkt hinzunehmen, so wäre es immer noch ein Unternehmen von wahrhaft gigantischer mathematischer und philosophischer Bedeutung, von jenem Ausgangspunkt aus das Kontinuum, also die Gesamtheit der reellen Zahlen, als widerspruchsfrei zu erweisen und so z. B. die nicht-prädikativen Prozesse und den Satz vom ausgeschlossenen Dritten in weitem Umfange zu rechtfertigen. Ob das Unternehmen glückt und seiner Natur nach überhaupt durchführbar ist, wird die Zukunft lehren. Vielleicht trifft doch auch innerhalb der Mathematik in höherem Maße, als es manchen Generationen erschien, das Wort NEWTONS zu, das für die Naturwissenschaft trotz deren ungeahnten Fortschritten in der Gegenwart seine Gültigkeit bewahrt hat: er komme sich vor wie ein Junge, der am Meeresufer spielt und zu seiner Freude dann und wann einen glatteren Kiesel oder eine hübschere Muschel als gewöhnlich findet, während der unermeßliche Ozean der Wahrheit unentdeckt vor ihm liegt.

11. **Über die Unabhängigkeit des Axiomensystems.** Es liegt nahe, die weitgehende Freiheit, die für die Wahl der Axiome in einer Axiomatik zunächst gelassen ist (Vorl. 5/6, Nr. 1), dadurch ad absurdum zu führen, daß man *sämtliche* bekannten Sätze der betreffenden Wissenschaft, mittels der Grundbegriffe und Grundrelationen ausgedrückt, als Axiome aufstellt. Dieser extreme Gedanke zeigt sofort, worauf es neben der Rücksicht auf die

möglichste Beschränkung der Grundbegriffe und auf eine gewisse „Natürlichkeit" und „Einfachheit" der Axiome (vgl. a. a. O.) noch ankommt: darauf, daß *nichts Überflüssiges in den Axiomen auftritt*. Schärfer gesprochen: es soll nicht möglich sein, eines der Axiome oder auch nur einen wesentlichen Bestandteil eines solchen aus der Gesamtheit der übrigen Axiome deduktiv herzuleiten und so als beweisbar zu erkennen. Diese Forderung der *Unabhängigkeit* oder Unableitbarkeit (so Geiger) ist für ganze Axiome weit leichter nachzuprüfen als für Teile von solchen, und schon aus diesem Grund empfiehlt es sich, komplizierte Axiome in mehrere möglichst einfache zu zerstückeln.

Die Forderung der Unabhängigkeit eines Axiomensystems ist demnach freilich mehr ein Postulat der Schönheit und Durchsichtigkeit als der Wahrheit und Richtigkeit. Immerhin würden sich auch manche an die Axiomatik anschließende Fragen, wie z. B. die der Verträglichkeit der Axiome, in unerträglichem Maße verwickelt gestalten, wenn man nicht durch die Unabhängigkeitsforderung von Anfang an die größtmögliche Einfachheit des Axiomensystems erzwänge.

Die bereits klassisch gewordene Methode zum Nachweis der Unabhängigkeit eines Axiomensystems[15] stammt im wesentlichen von HILBERT (vgl. besonders Hilbert 1). Auf Verfeinerungen, wie sie namentlich von amerikanischer Seite angegeben und durchgeführt worden sind, ist hier nicht nötig einzugehen. Die Methode besteht darin,. daß eine gewisse Deutung der Grundbegriffe und Grundrelationen gegeben wird, bei der sämtliche Axiome erfüllt sind bis auf *eines*, das bei der betreffenden Deutung gerade verletzt wird. In vielen Fällen schränkt die fragliche Deutung den Umfang eines Grundbegriffes gegenüber der üblichen Deutung im gesamten Axiomensystem mehr oder weniger ein, so daß nicht mehr alle ursprünglichen Repräsentanten jenes Grund-

---

[15] Nur in dem praktisch bedeutungslosen Fall, wo ein (nicht triviales) Axiom einen Grundbegriff enthält, der in die übrigen (mit einander verträglichen) Axiome weder unmittelbar noch mittelbar eingeht, ist die Unabhängigkeit direkt ersichtlich.

begriffs (z. B. nicht mehr alle ,,Mengen") als existierend zugelassen werden. Eine solche Deutung, die entweder auf Grund der üblichen Mathematik als widerspruchsfrei schon bekannt angenommen wird oder erst als solche zu erweisen ist, zeigt die Unabhängigkeit des verletzten Axioms von den übrigen; denn ließe sich jenes aus den übrigen Axiomen deduktiv herleiten, so müßte bei jeder Deutung zugleich mit den übrigen Axiomen auch dieses letzte *von selbst* befriedigt werden. Demnach sind so viele von der üblichen Deutung der betreffenden axiomatisierten Wissenschaft abweichende Deutungen oder Modelle, so viele ,,Pseudowissenschaften" anzugeben, als es Axiome für die Wissenschaft gibt; bei unserem Axiomensystem der Mengenlehre sind es sieben bzw. acht. Die Notwendigkeit, jede dieser Pseudowissenschaften als widerspruchsfrei vorauszusetzen, läßt den innigen Zusammenhang erkennen, der zwischen den Problemen der Unabhängigkeit und der Widerspruchsfreiheit besteht. In der Tat läuft ja die Unabhängigkeit eines Axioms auf die Verträglichkeit seines kontradiktorischen Gegenteils hinaus.

Die Unabhängigkeit unserer Axiome soll hier nicht im einzelnen nachgewiesen werden. Schwierigkeiten von grundsätzlicher Art treten hierbei, von der in der nächsten Nr. zu besprechenden Frage abgesehen, kaum auf; überdies erschien soeben eine einschlägige Spezialuntersuchung (Vieler), die viele, wenn auch nicht alle der hierbei sich ergebenden Einzelfragen behandelt.[16]) Übrigens sind in der fünften und sechsten Vorlesung den einzelnen Axiomen Hinweise über ihre Notwendigkeit vorangestellt worden, die sich in der Regel zu einem Beweis der Unabhängigkeit des betreffenden Axioms ausgestalten lassen (so namentlich bei den Axiomen IV, V und VII a—c sowie eventuell dem Beschränktheitsaxiom). Darüber hinaus mögen einige Andeutungen genügen: für den Unabhängigkeitsbeweis des Axioms I wird man

---

16) Einige Vorträge, die im Ausland über diesen delikaten, sorgfältige Beweisausführung erfordernden Gegenstand gehalten wurden, sind nicht veröffentlicht worden (Lennes, Kuratowski 3); vgl. auch schon Fraenkel 2, S. 234.

an Verhältnisse denken, wo (wie z. B. bei geordneten Mengen) eine Menge nicht schon allein durch ihre Elemente bestimmt ist; für den von Axiom III etwa an ein Verbot, die Vereinigungsmenge der in Vorl. 5/6, Nr. 9, betrachteten Menge $Z = \{Z_0, Z_1, Z_2 \ldots\}$ und ähnlicher Mengen zu bilden, wodurch die Sicherung gewisser Mengen mit außerordentlich großen Kardinalzahlen unmöglich wird; für den von Axiom V oder V' an eine Beschränkung des Mengenbegriffs derart, daß die Menge der natürlichen Zahlen (d. h. im wesentlichen die Menge Z_0, vgl. S. 100) außer sich selbst keine *unendliche* Teilmenge besitzt, die Menge aller geraden Zahlen z. B. also nicht existiert (vgl. Fraenkel 2, S. 235f.).

Eine ganz besondere, die übrigen einschlägigen Probleme überragende Bedeutung kommt, wie schon in Vorl. 5/6, Nr. 8, hervorgehoben, der Frage zu, ob das *Axiom der Auswahl* von den übrigen Axiomen unabhängig oder ob es vielleicht mittels ihrer beweisbar, also als besonderes Prinzip überflüssig ist. Diese Frage hat in der allerletzten Zeit noch eine erhöhte Bedeutung gewonnen, insofern als in HILBERTS Theorie der Widerspruchsfreiheit ein mit dem Auswahlaxiom nahe verwandtes Prinzip, das logische Auswahlaxiom, eine hervorragende Rolle spielt.

12. Die Unabhängigkeit des Auswahlaxioms. Die spezifische Schwierigkeit für einen Beweis der Unabhängigkeit des Auswahlaxioms liegt in folgendem: Wie in Vorl. 5/6, Nrn. 6 und 7 auseinandergesetzt, läuft die Behauptung des Axioms darauf hinaus, daß die Vereinigungsmenge $\mathfrak{S}M$ Teilmengen von bestimmter Art besitzt, die „Auswahlmengen von M" genannt werden. Für den Unabhängigkeitsbeweis kommt daher alles darauf an zu zeigen, daß derartig gebaute Teilmengen von $\mathfrak{S}M$ nicht schon etwa auf Grund des Axioms der Aussonderung existieren können, das ja sonst das wesentliche Hilfsmittel zur Bildung von Teilmengen darstellt. Versteht man unter M z. B. eine Menge, deren Elemente Mengen reeller Zahlen sind, so handelt es sich um die Auffindung einer Menge von reellen Zahlen, die aus jedem Element von M je eine Zahl enthält und die somit eine Auswahlmenge von M darstellt, von der aber andererseits zu be-

Problemstellung für das Auswahlaxiom

weisen wäre, daß es unmöglich ist, sie direkt mittels des Axioms der Aussonderung aus der Menge aller reellen Zahlen als Teilmenge zu gewinnen. Das Problem besteht also im Beweise einer rein negativen Behauptung, in einem Unmöglichkeitsbeweis, wie solche auch sonst in der Mathematik vielfach außergewöhnlichen Schwierigkeiten begegneten und noch begegnen.

In dieser Form ist der Beweis noch nicht gelungen, die Frage, ob das Auswahlaxiom unabhängig ist, also noch unentschieden. Es scheint mir keineswegs ganz ausgeschlossen, daß die Antwort etwa verneinend ausfallen könnte. Für denjenigen, der diese interessante und schwierige Aufgabe angreifen will, sei noch bemerkt: es genügt, den Beweis für eine Menge M von Mengen reeller Zahlen (siehe oben) zu führen, obgleich ja in unserer Axiomatik nur von Mengen und nicht von Zahlen die Rede ist; der Übergang von Zahlen zu Mengen läßt sich jederzeit leicht vollziehen, wie es angesichts einer arithmetischen Theorie der Irrationalzahlen und der Deutung der Menge Z_0 (Vorl. 5/6, Nr. 9) als Menge der natürlichen Zahlen nahe liegt.

In einem etwas anderen Sinne[17]) ist das Problem der Unabhängigkeit des Auswahlaxioms seit 1904 gestellt und im Jahre 1922 positiv — also durch einen Beweis der Unabhängigkeit — gelöst worden: nämlich im Sinne der Unabhängigkeit innerhalb des ursprünglichen Axiomensystems ZERMELOS (Zermelo 3). Derjenige Unterschied zwischen den beiden Systemen, auf den es für die gegenwärtige Aufgabe ankommt, liegt in folgendem. Während in unserer Axiomatik nur „Mengen" vorkommen, gibt es bei ZERMELO neben den Mengen (einschließlich der Nullmenge) auch noch „Dinge", die keine Mengen sind, d. h. die keine Elemente enthalten. Aus ihnen sind vermöge der Axiome, nämlich im wesentlichen nach dem Axiom der Paarung, wiederum *Mengen* zu bilden. Naturgemäß gilt dann die Definition der Gleichheit (Definition 2, S. 65) nur für Mengen, während Dinge verschieden

---

17) In einem noch anderen, aber wesentlicher verschiedenen Sinn, nämlich vom Standpunkt der logistischen Methode aus, findet man das Problem in Chwistek 2 (namentlich S. 469 f.) behandelt.

sein können, obwohl sie (gleich der Nullmenge) kein Element enthalten (vgl. S. 126); Axiom I ist wie auf S. 68 zu verstehen. Bei dieser Auffassung, wonach die letzten Bausteine oder innersten Kerne einer Menge nicht bloß wieder Mengen (also etwa schließlich die Nullmenge), sondern auch andere Dinge sein können, ist der Mengenbegriff also ein *weiterer* und von dieser größeren Umfangsweite wird beim Unabhängigkeitsbeweis wesentlich Gebrauch gemacht. Ob auch bei der engeren Fassung des Mengenbegriffs das Auswahlaxiom unabhängig bleibt, darüber wird hiermit nichts entschieden. Allerdings wäre auch bei dem (ursprünglichen) weiteren Mengenbegriff der Beweis auf Grund des alten Aussonderungsaxioms V wohl nicht gelungen. Es bedurfte der Verschärfung zu der rein mathematischen (scheinbar sogar engeren) Form V' des Axioms, um die feinen Maschen des Unabhängigkeitsbeweises darin einhängen zu können; hierin liegt ein neues wesentliches Moment für die Notwendigkeit und den Wert des verschärften Axioms V', das übrigens gerade bei diesem Versuch, einen Unabhängigkeitsbeweis für das Auswahlaxiom zu liefern, entstanden ist. Bei der Wichtigkeit und dem verhältnismäßigen Alter des Problems soll dieser Unabhängigkeitsbeweis (Fraenkel 3) in seinen Grundzügen skizziert werden.

In der Pseudomengenlehre, für die wir die Ungültigkeit der Aussage des Auswahlaxioms bei gleichzeitiger Gültigkeit der übrigen Axiome I—V und VIIb zeigen wollen, sollen zunächst abzählbar unendlich viele Dinge, die nicht Mengen sind, existieren; wir bezeichnen sie mit a_1, b_1, a_2, b_2, a_3, b_3, ... und nennen sie die *Grunddinge*.[18]) Von Mengen werden als existierend angenommen: die Nullmenge o, die in Vorl. 5/6, Nr. 9, eingeführte (abzählbare) Menge Z_0, ferner die gleichfalls abzählbare Menge

---

18) Über die Natur dieser Grunddinge wird keinerlei Voraussetzung gemacht. Die besondere Art der Bezeichnung ist lediglich in Rücksicht auf die Grundmenge P gewählt; man darf aus dieser Bezeichnung also nicht etwa folgern wollen, daß die mit dem Buchstaben a bezeichneten Dinge (z. B. a_1 und a_2) außerdem in irgendwelcher Beziehung stehen, die sie (etwa im Gegensatz zu a_1 und b_2) miteinander verknüpfte.

Unabhängigkeit des Auswahlaxioms

$P = \{ \{a_1, b_1\}, \{a_2, b_2\}, \{a_3, b_3\}, \ldots \}$, deren Elemente, die sämtlich Paare von Grunddingen sind, kurz mit p_1, p_2 usw. bezeichnet und die *Zellen* von P genannt werden mögen (also z. B. $p_1 = \{a_1, b_1\}$). Diese drei Mengen mögen *Grundmengen* heißen. Weiterhin sollen nur noch die Mengen existieren, die durch endlichmalige Anwendung der Axiome II, III, IV, V' aus den Grunddingen und Grundmengen hervorgehen.

Wir werden zeigen, daß es unter diesen Umständen *eine Menge M gibt, von der keine Auswahlmenge existiert*; somit kann das Auswahlaxiom nicht logische Folge der übrigen Axiome sein. Im besonderen werden wir gerade in der vorausgesetzten Menge P eine derartige Menge M nachweisen; es wird also zu zeigen sein, daß eine Menge, die z. B. die Elemente $a_1, a_2, a_3, \ldots$ und nur sie enthielte, auf Grund des Axioms V' nicht gebildet werden kann. Die Menge P stellt gewissermaßen eine mathematische Realisierung der auf S. 86 erwähnten abzählbar unendlichen Menge von Strumpfpaaren dar, für die im einzelnen Paar der rechte Strumpf vom linken nicht zu unterscheiden ist und für die somit eine Auswahlmenge, die aus jedem Paar einen einzigen Strumpf enthielte, ohne Auswahlaxiom nicht existiert.

Zum Nachweis dieser Eigenart von P bezeichnen wir eine Teilmenge von P, die *alle* Zellen p_1, p_2 usw. *bis auf höchstens endlich viele* enthält, als eine *Hauptteilmenge* von P und beweisen den folgenden

Hauptsatz. Zu einer beliebigen Menge M unserer Pseudomengenlehre gibt es stets mindestens eine Hauptteilmenge P_M von P derart, daß die Menge M sich nicht ändert, falls man die beiden Elemente a_k und b_k einer *beliebigen* Zelle p_k von P_M miteinander vertauscht.

Mit einer sich von selbst leicht erklärenden Ausdrucksweise wird man dann sagen können, M sei *symmetrisch* in bezug auf jede der unendlich vielen Zellen der Hauptteilmenge P_M.

Nach diesem Satz existiert in der Tat keine Auswahlmenge von P selbst; denn eine solche Auswahlmenge, wie z. B. $\{a_1, a_2, a_3, \ldots\}$, ändert sich ja jedenfalls, sobald die beiden Elemente auch nur einer einzigen Zelle miteinander vertauscht werden.

Zum Beweise des Hauptsatzes führen wir noch den Begriff „konjugierter" Mengen ein. Es sei M eine beliebige Menge und p_k eine beliebige, von nun an festgehaltene Zelle; vertauscht man in den Elementen der Menge M, ferner in den Elementen ihrer Elemente usw. überall die beiden Elemente a_k und b_k der Zelle p_k miteinander, und existiert die so definierte, in ganz bestimmtem Sinn analog wie M gebaute Menge, so bezeichnet man diese als *die zu M in bezug auf die Zelle p_k konjugierte Menge* $\overline{M}^k$. Die Beziehung zweier Mengen, in bezug auf eine Zelle p_k konjugiert zu sein, ist hiernach eine gegenseitige. Das in die Definition der Konjugiertheit eingehende Wörtchen „usw." stellt nicht etwa eine Verschleierung eines unbequemen Sachverhalts dar — ein Zweck, dem es, vom Autor unbemerkt, in der mathematisch-philosophischen Grundlagenforschung zuweilen dient —, sondern es hat einen scharfen, wenn auch etwas umständlich zu umschreibenden Sinn, der übrigens die vollständige Induktion (d. h. den Begriff der natürlichen Zahlen) voraussetzt. Wie sich nämlich zeigen läßt und übrigens auf Grund des vorher gezogenen Kreises der überhaupt existierenden Mengen unmittelbar einleuchtet, gelangt man von einer beliebigen Menge M durch Bildung der Vereinigungsmenge $\mathfrak{S}M$, von deren Vereinigungsmenge $\mathfrak{S}(\mathfrak{S}M) = \mathfrak{S}_2 M$ usw. nach einer bestimmten (von M abhängigen) Anzahl von n und nicht weniger Schritten zu einer Vereinigungsmenge $\mathfrak{S}_n M$, die allein aus den Grund*mengen* gebildet werden kann, also gewiß von der Zelle p_k und ihren Elementen unabhängig ist. Bezeichnet man die solcherart zu M gehörige Zahl n als die Stufe von M, so hat man in der Definition der Konjugiertheit bei dem „usw." lediglich bis zur Stufe von M hinabzusteigen.

Aus der vorstehenden Definition erhellt übrigens, daß M in bezug auf die Zelle p_k dann und nur dann *zu sich selbst* konjugiert ist, wenn M in bezug auf p_k symmetrisch ist.

Zum Beweis des Hauptsatzes bedient man sich einer Reihe von Hilfssätzen, die den Gedankengang hinreichend skizzieren und deren (reichlich abstrakte) Beweise hier nicht wiedergegeben werden sollen (vgl. a. a. O.).

A. Zu jeder Menge M existiert auch die in bezug auf eine beliebige Zelle p_k konjugierte Menge.

B. Wird aus (endlich vielen) Dingen und Mengen, die sämtlich in bezug auf die Zellen je einer Hauptteilmenge symmetrisch sind, durch Paarung, Vereinigung und Potenzmengenbildung (also vermöge der Axiome II—IV) eine neue Menge gebildet, so ist auch diese symmetrisch in bezug auf alle Zellen einer gewissen Hauptteilmenge.

C. Wird bei dem in B. geschilderten Prozeß eines der Bestimmungsstücke veränderlich gelassen, so daß statt einer Menge eine Funktion $\varphi(x)$

entsteht (vgl. Definition 4 in Vorl. 7/8, Nr. 2), so gibt es eine (von dieser Funktion abhängige) Hauptteilmenge derart, daß in bezug auf jede ihrer Zellen p_k für irgendein Ding (Menge) y stets $\varphi(\bar{y}^k)$ konjugiert ist zu $\varphi(y)$.

D. Sind $\varphi(x)$ und $\psi(x)$ gegebene Funktionen von der unter C. bezeichneten Art und ist M eine in bezug auf die Zellen einer Hauptteilmenge symmetrische Menge, so ist die nach Axiom V' existierende Teilmenge $M_{\varphi(x)\,\varepsilon\,\psi(x)}$ von M wiederum symmetrisch in bezug auf die Zellen einer Hauptteilmenge.

E. Wird bei dem in D. geschilderten Prozeß eines der Bestimmungsstücke veränderlich gelassen, so besitzt die entstehende Funktion wiederum die unter C. bezeichnete Eigenschaft.

Von diesen Behauptungen verdient diejenige unter A. hervorgehoben zu werden, weil sie besonders drastisches Anschauungsmaterial für die Kluft zwischen konstruktiver Entwicklung und der nicht-prädikativen Natur der Potenzmenge liefert (vgl. Vorl. 7/8, Nr. 3). Bedenkt man nämlich, daß alle für uns jetzt existierenden Mengen aus den Grunddingen und Grundmengen durch endlichmalige Anwendung der Axiome II—V' hervorgehen, so erscheint die Aussage A. fast selbstverständlich. Geht man nämlich genau wie bei der Bildung der gegebenen Menge M vor, nur daß man überall, wo etwa eines der Elemente a_k und b_k der Zelle p_k benutzt wurde, nunmehr das *andere* dieser Elemente heranzieht, so muß sich offenbar die zu M in bezug auf p_k konjugierte Menge ergeben. Bei dem Nachweis dieses Gedankens für die in jedem der Axiome ausgedrückten Einzelprozesse bietet zunächst auch das Axiom der Aussonderung (V') keine Schwierigkeit; man setzt eben für M und für die in die Funktionen φ und ψ eingehenden Konstanten die konjugierten Werte ein und wird dann eine zu $M_{\varphi(x)\,\varepsilon\,\psi(x)}$ konjugierte Menge erhalten. Entspricht so jeder Teilmenge von M eine konjugierte Teilmenge von $\bar{M}^k$, so wird auch die Potenzmenge $\mathfrak{U}(\bar{M}^k)$ konjugiert sein zu $\mathfrak{U}M$. Dieser Gedankengang gestaltet sich indes zirkelhaft und wird daher unausführbar, sobald in die Funktionen φ und ψ, die eine Teilmenge von M definieren sollen, die Potenzmenge $\mathfrak{U}M$ oder eine verwandte Menge eingeht. Um nämlich die Konjugiertheit der entsprechenden Teilmengen zu beweisen, muß man von der Konjugiertheit der in φ und ψ eingehenden Bestimmungsstücke — im vorliegenden Fall also von $\mathfrak{U}M$ und $\mathfrak{U}(\bar{M}^k)$ — ausgehen; um aber die letztere Konjugiertheit zu zeigen, muß zu *jeder* Teilmenge von M die entsprechende Teilmenge von $\bar{M}^k$ schon als konjugiert nachgewiesen sein, wozu wir uns umgekehrt auf die Konjugiertheit von $\mathfrak{U}M$ und $\mathfrak{U}(\bar{M}^k)$ stützen müssen. Der Beweis der Behauptung A. auf dem angedeuteten „naturgemäßen" Wege ist also unmöglich; er muß vielmehr auf einem Umwege (vgl. Merzbach, Kap. IV) erbracht werden.

Es ist leicht, auf Grund der Behauptungen A. bis E. den Hauptsatz als richtig zu erweisen, und zwar durch vollständige Induktion. Für die Mengen wie auch für die Funktionen läßt sich eine Klasseneinteilung herstellen, je nachdem wie oft bei ihrer Bildung hintereinander der Aussonderungsprozeß nach Axiom V' vorgenommen wurde. Jedes Grundding und jede Grundmenge ist ersichtlich symmetrisch in bezug auf die Zellen einer Hauptteilmenge (nämlich a_k und b_k in bezug auf die Zellen von $P - \{p_k\}$, jede Grundmenge in bezug auf die Zellen von P selbst). Daher ist nach B. jede Menge der niedrigsten Klasse, nach D. jede Menge der nächsthöheren Klasse in bezug auf die Zellen je einer gewissen Hauptteilmenge symmetrisch, und durch Wiederholung des Verfahrens vermöge vollständiger Induktion erweist sich jede Menge beliebig hoher Klasse wiederum als symmetrisch in bezug auf die Zellen einer gewissen (von der Menge abhängigen) Hauptteilmenge, wie es der Hauptsatz ausspricht. Das Axiom der Auswahl ist somit unabhängig von den übrigen Axiomen der Mengenlehre und der Mathematik überhaupt.

Literaturverzeichnis.

Nachstehend sind ausschließlich die Veröffentlichungen aufgeführt, auf die im vorliegenden Buch Bezug genommen ist. Entsprechend der Tendenz dieser Vorlesungen, vornehmlich den *gegenwärtigen* Stand der Forschung darzustellen, ist die Literatur der letzten (etwa zehn, besonders der allerletzten) Jahre, zum Teil über die eigentlichen Schranken der Mathematik hinaus, in weitem Umfang berücksichtigt; hinsichtlich der ausländischen Literatur freilich nur in den immer noch durch die Verhältnisse gezogenen Grenzen, die eine Bitte um Nachsicht rechtfertigen. Ältere Arbeiten dagegen (auch solche, die viele der modernen an Bedeutung übertreffen) sind in der Regel nicht angeführt, außer wo besondere historische oder ähnliche Umstände eine Ausnahme erforderlich machen; in dieser Richtung ist auf die angegebenen Lehrbücher zu verweisen.

Ackermann, W. 1) Begründung des „tertium non datur" mittels der Hilbertschen Theorie der Widerspruchsfreiheit. *Mathematische Annalen*, **93** (1924), S. 1—36.

— 2) Die Widerspruchsfreiheit des Auswahlaxioms. *Nachrichten der Gesellschaft der Wissenschaften zu Göttingen, Math.-phys. Klasse*, 1924, S. 246—250.

Baldus, R. Formalismus und Intuitionismus in der Mathematik. (*Wissen und Wirken*, Bd. 11.) Karlsruhe i. B. 1924.

Becker, O. Beiträge zur phänomenologischen Begründung der Geometrie und ihrer physikalischen Anwendungen. *Jahrbuch für Philosophie und phänomenologische Forschung*, **6** (1923), S. 385—560.

Beggerow, H. Die Erkenntnis der Wirklichkeiten. Halle (Saale) 1927.

Bernays, P. 1) Über Hilberts Gedanken zur Grundlegung der Arithmetik. *Jahresber. d. Deutschen Mathematiker-Vereinigung*, **31** (1922), S. 10—19.

— 2) Axiomatische Untersuchung des Aussagenkalkuls der „Principia mathematica". *Mathematische Zeitschrift*, **25** (1926), S. 305—320.

Bernstein, F. Die Mengenlehre Georg Cantors und der Finitismus. *Jahresber. d. Deutsch. Math.-Ver.*, **28** (1919), S. 63—78.

Boehm, K. Begriffsbildung. (*Wissen und Wirken*, Bd. **2**.) Karlsruhe i. B. 1922.

Literaturverzeichnis

Boutroux, P. L'idéal scientifique des mathématiciens dans l'antiquité et dans les temps modernes. Troisième mille. Paris 1920. (Deutsche Ausgabe von H. Pollaczek ist als Bd. 28 dieser Sammlung erschienen.)

Brodén, T. Eine realistische Grundlegung der Mathematik. *Lunds universitets årsskrift*, N. F. Avd. 2, Bd. 20, Nr. 1 (1924).

Brouwer, L. E. J. 1) Intuitionistische Mengenlehre. *Jahresbericht der Deutschen Mathematiker-Vereinigung*, 28 (1919), S. 203—208.

— 2) Begründung der Mengenlehre unabhängig vom logischen Satz vom ausgeschlossenen Dritten. I—II. Begründung der Funktionenlehre u. v. l. S. v. a. D. I. *Verhand. d. K. Akademie van Wetenschappen te Amsterdam*, 12, Nrn. 5 u. 7; 13, Nr. 2 (1918—1923).

— 3) Über die Bedeutung des Satzes vom ausgeschlossenen Dritten in der Mathematik, insbesondere in der Funktionentheorie. *Journal für die reine u. angewandte Mathematik*, 154 (1925), S. 1—7.

— 4) Zur Begründung der intuitionistischen Mathematik. I—III. *Mathematische Annalen*, 93 (1925), S. 244—257; 95 (1926), S. 453—472; 96 (1926), S. 451—488.

Brunschvicq, L. Les étapes de la philosophie mathématique. Paris. (Die 2. Auflage [1922] war mir leider nicht zugänglich.)

Burali-Forti, C. Logica matematica. Seconda edizione. Milano 1919.

Burkamp, W. Begriff und Beziehung. Studien zur Grundlegung der Logik. Leipzig 1927.

Carnap, R. Der Raum. *Ergänzungshefte der Kant-Studien*, Nr. 56. Berlin 1922.

Chwistek, L. 1) The theory of constructive types. (Principles of logic and mathematics.) Part I and II. Extracted from the *Annales de la Société Polonaise de Mathematique*. Cracow 1923/25.

— 2) Über die Hypothesen der Mengenlehre. *Mathematische Zeitschrift*, 25 (1926), S. 439—473.

Dieck, W. 1) Die Paradoxien der Mengenlehre. *Annalen der Philosophie und philosophischen Kritik*, 5 (1926), S. 43—56.

— 2) Der Widerspruch im Richtigen. Gemeinverständliche mathematische Kritik der geltenden Logik. Sterkrade 1926.

Dingler, H. 1) Über die Grundlagen der Arithmetik und deren Widerspruchslosigkeit. *Annalen der Philosophie und philos. Kritik*, 5 (1925), S. 217—240.

— 2) Der Zusammenbruch der Wissenschaft und der Primat der Philosophie. München 1926.

Doetsch, G. Der Sinn der reinen Mathematik und ihrer Anwendung. *Kantstudien*, 29 (1924), S. 439—459.

Dresden, A. Brouwer's contributions to the foundations of mathematics. *Bulletin of the American Mathematical Society*, 30 (1924), S. 31—40.

Dubislav, W. 1) Über das Verhältnis der Logik zur Mathematik. *Annalen der Philosophie und philosoph. Kritik*, 5 (1926), S. 193—208.

Literaturverzeichnis

Dubislav, W. 2) Über die Definition. Berlin 1926.
— 3) Die Friessche Lehre von der Begründung. Dömitz 1926.
Eaton, R. M. Symbolism and truth. An introduction to the theory of knowledge. Cambridge Mass. (Harvard University Press) 1925.
Enriques, F. Per la storia della logica. Bologna 1922. (Deutsche Ausgabe von L. Bieberbach ist als Bd. 26 dieser Sammlung erschienen.)
Finsler, P. Gibt es Widersprüche in der Mathematik? *Jahresbericht d. Deutschen Mathematiker-Vereinigung*, **34** (1925), S. 143—155.
Fraenkel, A. 1) Axiomatische Begründung der transfiniten Kardinalzahlen. I. *Mathemat. Zeitschrift*, **13** (1922), S. 153—188.
— 2) Zu den Grundlagen der Cantor-Zermeloschen Mengenlehre. *Math. Annalen*, **86** (1922), S. 230—237.
— 3) Über den Begriff „definit" und die Unabhängigkeit des Auswahlaxioms. *Sitzungsberichte der Preußischen Akademie der Wissenschaften, Physikalisch-mathematische Klasse*. 1922. S. 253—257.
— 4) Einleitung in die Mengenlehre. 2. Auflage, Berlin 1923. (3. Auflage erscheint 1927.)
— 5) Die neueren Ideen zur Grundlegung der Analysis und Mengenlehre. *Jahresbericht der Deutschen Mathematiker-Vereinigung*, **33** (1924), S. 97—103.
— 6) Untersuchungen, über die Grundlagen der Mengenlehre. *Math. Zeitschrift*, **22** (1925), S. 250—273.
— 7) Bemerkung zum Begriff der geordneten Menge. *Fundamenta Mathematicae*, **7** (1925), S. 308—310.
— 8) Der Streit um das Unendliche in der Mathematik. *Scientia*, **38** (1925), S. 141—152 und 209—218.
— 9) Axiomatische Theorie der geordneten Mengen. *Journ. für die reine und angewandte Mathematik*, **155** (1926), S. 129—158.
Geiger, M. Systematische Axiomatik der Euklidischen Geometrie. Augsburg 1924.
Grelling, K. 1) Die Axiome der Arithmetik mit besonderer Berücksichtigung der Beziehungen zur Mengenlehre. Göttinger Inauguraldissertation. 1910.
— 2) Mengenlehre. (*Math.-phys. Bibliothek*, Nr. 58.) Leipzig und Berlin 1924.
Hartogs, F. Über das Problem der Wohlordnung. *Math. Annalen*, **76** (1915), S. 438—443. Vgl. dazu einen Vortrag von Miß I. M. Schottenfels, siehe *Bulletin of the American Mathematical Society*, **30** (1924), S. 230.
Hausdorff, F. Grundzüge der Mengenlehre. Leipzig 1914. (Neuauflage in Vorbereitung.)

Hessenberg, G. 1) Grundbegriffe der Mengenlehre. Sonderdruck aus den *Abhandlungen der Friesschen Schule*, N. F. (I. Band, 4. Heft). Göttingen 1906.
— 2) Willkürliche Schöpfungen des Verstandes? *Jahresbericht der Deutschen Mathematiker-Vereinigung*, 17 (1908), S. 145—162.
— 3) Transzendenz von e und π. Leipzig und Berlin 1912.
— 4) Art. Mengenlehre in: *Taschenbuch für Mathematiker und Physiker*, 3 (1913), S. 69—81.

Hjelmslev, J. Die natürliche Geometrie. *Abhandl. aus dem Math. Seminar der Hamburgischen Universität*, 2 (1923), S. 1—36.

Hilbert, D. 1) Grundlagen der Geometrie. Ursprünglich 1899 erschienen. (Diese Sammlung, Bd. 7.) 5. Auflage, Leipzig und Berlin 1922.
— 2) Axiomatisches Denken. *Mathematische Annalen*, 78 (1918), S. 405 bis 419.
— 3) Neubegründung der Mathematik. Erste Mitteilung. *Abhandl. aus dem Mathematischen Seminar der Hamburgischen Universität*, 1 (1922), S. 157—177.
— 4) Die logischen Grundlagen der Mathematik. *Math. Annalen*, 88 (1923), S. 151—165.
— 5) Über das Unendliche. *Ebenda*, 95 (1925), S. 161—190.

Hölder, O. Die mathematische Methode. Berlin 1924.

Horák, J. M. Sur les antinomies de la théorie des ensembles. *Bulletin international de l'Académie des Sciences de Bohême*, 26 (1926), S. 38—44.

Klein, F. Vorlesungen über die Entwicklung der Mathematik im 19. Jahrhundert. Teil I, für den Druck bearbeitet von R. Courant und O. Neugebauer. Berlin 1926.

König, J. Neue Grundlagen der Logik, Arithmetik und Mengenlehre. Leipzig 1914 (posthum erschienen).

Kuratowski, C. 1) Sur la notion de l'ordre dans la théorie des ensembles. *Fundamenta Mathematicae*, 2 (1921), S. 161—171.
— 2) Une méthode d'élimination des nombres transfinis des raisonnements mathématiques. *Ebenda*, 3 (1922), S. 76—108.
— 3) Sur l'état actuel de l'axiomatique de la théorie des ensembles. (Bericht über einen am 15. II. 1924 gehaltenen Vortrag.) *Annales de la Société Polonaise de Mathématique*, 3 (1925), S. 146f.

Langer, Susanne K. 1) Confusion of symbols and confusion of logical types. *Mind*, 35 (1926), S. 222—229.
— 2) Form and content: a study in paradox. *The Journal of Philosophy*, 23 (1926), 435—438.

Lebesgue, H. Sur certaines démonstrations d'existence. *Bulletin de la Société Mathématique de France*, 45 (1917), S. 132—144.

Lennes, N. J. On the foundations of the theory of sets. (Bericht über einen im April 1922 gehaltenen Vortrag.) *Bulletin of the American Mathematical Society*, 28 (1922), S. 300.

Lévy, P. Sur le principe du tiers exclu. *Revue de Métaphysique et de Morale*, 33 (1926), S. 253—258.

Lewis, C. I. 1) A survey of symbolic logic. Berkeley 1918.

— 2) La logique et la méthode mathématique. *Revue de Métaphysique et de Morale*, 29 (1922), S. 455—474.

Loewy, A. Lehrbuch der Algebra. I. Teil: Grundlagen der Arithmetik. Leipzig 1915.

London, F. Über die Bedingungen der Möglichkeit einer deduktiven Theorie. *Jahrbuch für Philosophie und phänomenolog. Forschung*, 6 (1923), S. 335—384.

Loor, B. de. Die hoofstelling van die algebra van intuïsionistiese standpunt. (Academisch proefschrift.) Amsterdam 1925.

Łukasiewicz, J. Démonstration de la compatibilité des axiomes de la théorie de la déduction. (Bericht über einen am 13. VI. 1924 gehaltenen Vortrag.) *Annales de la Société Polonaise de Mathématique*, 3 (1925), S. 149.

Mahnke, D. Leibnizens Synthese von Universalmathematik und Individualmetaphysik. *Jahrbuch f. Philosophie u. phänomenologische Forschung*, 7 (1925), S. 305—612.

Merzbach, J. Bemerkungen zur Axiomatik der Mengenlehre. Marburger Inauguraldissertation 1925.

Mirimanoff, D. 1) Les antinomies de Russell et de Burali-Forti et le problème fondamental de la théorie des ensembles. *L'Enseignement Mathématique*, 19 (1917), S. 37—52.

— 2) Remarques sur la théorie des ensembles et les antinomies cantoriennes. I. *Ebenda*, S. 209—217. II. *Ebenda*, 21 (1920), S. 29—52.

Mollerup, J. Die Definition des Mengenbegriffs. *Mathem. Annalen*, 64 (1907), S. 231—238.

Neumann, J. v. 1) Zur Einführung der transfiniten Zahlen. *Acta litterarum ac scientiarum r. universitatis Hungaricae Francisco-Josephinae, Sectio sc. mathem.*, 1 (Szeged 1923), S. 199—208.

— 2) Eine Axiomatisierung der Mengenlehre. *Journal für die reine und angew. Mathematik*, 154 (1925), S. 219—240.

Nicod, J. 1) Les tendances philosophiques de M. Bertrand Russell. *Revue de Métaphysique et de Morale*, 29 (1922), S. 77—84.

— 2) Les relations de valeurs et les relations de sens en logique formelle. *Revue de Métaphysique et de Morale*, 31 (1924), S. 577—583.

Pasch, M. 1) Vorlesungen über neuere Geometrie. Leipzig 1882, 2. Ausgabe 1912. (Eine gemeinsam mit M. Dehn bearbeitete Neuauflage erscheint Ende 1926.)

Pasch, M. 2) Betrachtungen zur Begründung der Mathematik. *Math. Zeitschrift*, **20** (1924), S. 231—240 und **25** (1926), S. 166—171.
— 3) Die axiomatische Methode in der neueren Mathematik. *Annalen der Philosophie und philosophischen Kritik*, **5** (1926), S. 241—274.

Petzoldt, J. Beseitigung der mengentheoretischen Paradoxa durch logisch einwandfreie Definition des Mengenbegriffs. *Kantstudien*, **30** (1925), S. 346—356.

Poincaré, H. 1) Wissenschaft und Hypothese. Deutsche Ausgabe von F. und L. Lindemann. (Diese Sammlung, Bd. 1.) 3. Aufl., Leipzig und Berlin 1914.
— 2) Réflexions sur les deux notes précédentes. *Acta Mathematica*, **32** (1909), S. 195—200.
— 3) Sechs Vorträge über ausgewählte Gegenstände aus der reinen Mathematik und mathematischen Physik. Leipzig und Berlin 1910.
— 4) Wissenschaft und Methode. Deutsche Ausgabe von F. und L. Lindemann. (Diese Sammlung, Bd. 17.) Leipzig und Berlin 1914.
— 5) Dernières pensées. Paris (1913).

Post, E. L. Introduction to a general theory of elementary propositions. *American Journal of Mathematics*, **43** (1921), S. 163—185.

Ramsey, F. P. The foundations of mathematics. *Proceedings of the London Mathematical Society*, (2) **25** (1927), S. 338—384.

Richard, J. Considérations sur la logique et les ensembles. *Revue de Métaphysique et de Morale*, **27** (1920), S. 355—369.

Rougier, L. La structure des théories déductives. Paris 1921.

Russell, B. 1) Mathematical logic as based on the theory of types. *American Journal of Mathematics*, **30** (1908), S. 222—262.
— 2) Einführung in die mathematische Philosophie. Deutsch von Gumbel und Gordon. München 1923.
— 3) Unser Wissen von der Außenwelt. Übersetzt von W. Rothstock. Leipzig 1926.
Siehe auch unter Whitehead.

Schlick, M. Allgemeine Erkenntnislehre. Berlin 1918.

Schoenflies, A. 1) Entwickelung der Mengenlehre und ihrer Anwendungen. Gemeinsam mit H. Hahn herausgegeben. 1. Hälfte. Leipzig und Berlin 1913.
2) Zur Axiomatik der Mengenlehre *Mathem. Annalen*, **83** (1921), S. 173—200.
— 3) Bemerkung zur Axiomatik der Größen und Mengen. *Ebenda*, **85** (1922), S. 60—64.

Scholz, H. Was wir Kant schuldig geworden sind. Festrede. Kiel 1924.

Shaw, J. B. Lectures on the philosophy of mathematics. Chicago and London 1918.

Literaturverzeichnis

Sierpiński, W. 1) L'axiome de M. Zermelo et son rôle dans la théorie des ensembles et l'analyse. *Bulletin de l'Académie des Sciences de Cracovie, Classe des sciences math. et nat.*, Série A, 1918 (Cracovie 1919), S. 97—152.
— 2) **Les exemples effectifs et l'axiome du choix.** *Fundamenta Mathematicae*, 2 (1921), S. 112—118.
— 3) Une remarque sur la notion de l'ordre. *Ebenda*, S. 199—200.
— 4) Sur la notion d'isomorphisme des ensembles. *Ebenda*, 3 (1922), S. 50—51.
— 5) Sur l'hypothèse du continu. *Ebenda*, 5 (1924), S. 177—187.
Skolem, Th. Einige Bemerkungen zur axiomatischen Begründung der Mengenlehre. *Wissenschaftliche Vorträge, gehalten auf dem fünften Kongreß der skandinavischen Mathematiker in Helsingfors 1922* (Helsingfors 1923), S. 217—232.
Smart, H. R. 1) The philosophical presuppositions of mathematical logic. (*Cornell Studies in Philosophy*, Nr. **17**.) New York 1925.
— 2) **On mathematical logic.** *Journal of Philosophy*, 23 (1926), S. 296 bis 300.
Stammler, G. Der Zahlbegriff seit Gauß. Halle (Saale) 1925.
Steinitz, E. Algebraische Theorie der Körper. *Journal f. d. reine u. angew. Mathematik*, **137** (1909), S. 167—309.
Study, E. Die realistische Weltansicht und die Lehre vom Raum. Braunschweig 1914 (1. Hälfte in Neuauflage 1923).
Tarski, A. 1) Sur quelques théorèmes qui équivalent à l'axiome du choix. *Fundamenta Mathematicae*, 5 (1924), S. 147—154.
— 2) **Sur les ensembles finis.** *Ebenda*, 6 (1925), S. 45—95.
— 3) **Sur les principes de l'arithmétique des nombres ordinaux (transfinis).** (Bericht über einen am 9. V. 1924 gehaltenen Vortrag.) *Annales de la Société Polonaise de Mathématique*, 3 (1925), S. 150.
Ternus, J., S. J. Zur Philosophie der Mathematik. *Philosophisches Jahrbuch der Görresgesellschaft*, **39** (1926), S. 217—231.
Vieler, H. Untersuchungen über Unabhängigkeit und Tragweite der Axiome der Mengenlehre in der Axiomatik Zermelos und Fraenkels. Marburger Inauguraldissertation 1926.
Voß, A. Über die mathematische Erkenntnis. (*Die Kultur der Gegenwart*, III. Teil, 1. Abteilung, 3. Lieferung.) Leipzig und Berlin 1914.
Warrain, F. Les mathématiques et la réalité. *Revue de Philosophie*, **32** (1925), S. 457—472.
Wavre, R. 1) Y a-t-il une crise des mathématiques? A propos de la notion d'existence et d'une application suspecte du principe du tiers exclu. *Revue de Métaphysique et de Morale*, 31 (1924), S. 435—470.
— 2) **Logique formelle et logique empiriste.** *Ebenda*, 33 (1926), S. 65—75.

Wavre, R. 3) Sur le principe du tiers exclu. *Ebenda*, S. 425—430.
Weyl, H. 1) Über die neue Grundlagenkrise der Mathematik. *Math. Zeitschrift*, 10 (1921), S. 39—79.
— 2) Die heutige Erkenntnislage in der Mathematik. *Symposion*, 1 (1925), S. 1—32. (Auch als Heft 3 der ,,Sonderdrucke des Symposion' erschienen.)
— 3) Philosophie der Mathematik und Naturwissenschaft, Teil I. (4. Lieferung [Abt. II A] des Handbuchs der Philosophie, herausgegeben von A. Baeumler und M. Schröter.) München und Berlin 1926.
Whitehead, A. N., and B. Russell. Principia Mathematica. Cambridge. Vol. I (1910, Neuauflage 1925), II (1912), III (1913).
Wittgenstein, L. Tractatus Logico-Philosophicus. With an introduction by B. Russell. London 1922. (Vgl. auch *Ostwalds Annalen der Naturphilosophie* 1921.)
Young, W. H. The progress of mathematical analysis in the twentieth century. *Proceedings of the London Mathematical Society*, (2) 24 (1926), S. 421—434.
Zaremba, St. La logique des mathématiques. (*Mémorial des sciences mathématiques*, fasc. XV.) Paris 1926.
Zermelo, E. 1) Beweis, daß jede Menge wohlgeordnet werden kann. *Mathem. Annalen*, 59 (1904), S. 514—516.
— 2) Neuer Beweis für die Wohlordnung. *Ebenda*, 65 (1908), S. 107 bis 128.
— 3) Untersuchungen über die Grundlagen der Mengenlehre. I. *Ebenda*, S. 261—281.
— 4) Sur les ensembles finis et le principe de l'induction complète. *Acta Mathematica*, 32 (1909), S. 185—193.

Bei Abschluß der Korrektur sind noch erschienen bzw. zugänglich geworden:
Betsch, Chr. Fiktionen in der Mathematik. Stuttgart 1926.
Brouwer, L. E. J. 5) Über Definitionsbereiche von Funktionen. *Mathem. Annalen*, 97 (1927), S. 60—75.
Finsler, P. Formale Beweise und die Entscheidbarkeit. *Mathem. Zeitschrift*, 25 (1926), S. 676—682.
— Über die Grundlegung der Mengenlehre. I. Teil. Die Mengen und ihre Axiome. *Ebenda*, S. 683—713.
Gonseth, F. Les fondements des mathématiques. Paris 1926.

Sachregister

In der Regel ist nur auf die Stelle des *erstmaligen* Vorkommens der (an jener Stelle meist gesperrt gedruckten) einzelnen Bezeichnungen verwiesen.

S.	S.	S.
ε 1, 64	$\prec$ 15, 137	$\aleph_0, \aleph_\alpha$ 7, 18
ϵ 64	$\{\ \}$ 2, 68	$\mathfrak{a}$ 7
$=$ 65	$\circ$ 3, 77	$\mathfrak{c}$ 10
$\neq$ 65		

Abbildung 3, 131
—, ähnliche 16
ähnlich 16, 139
äquivalent 3, 131
Antinomien 20ff., 27, 44, 115ff., 121ff. u. öfter
Aussonderungsmenge 106
Auswahlmenge 88
Axiome 59ff., 126, 148ff.
Axiom der Bestimmtheit (I) 67
— — Paarung (II) 70
— — Vereinigung (III) 71
— — Potenzmenge (IV) 73, 113, 118f.
— — Aussonderung (V, V′) 75, 106ff., 118ff.
— — Auswahl (VI) 80—97, 133, 141, 147, 165
— VIIa 98
— des Unendlichen (VIIb) 99
— VIIc 114
— der Ersetzung (VIII) 115
— — Beschränktheit 102, 150

Definitionen (1—3) 65f.
Diagonalverfahren 10, 113, 122 u. öfter

Durchschnitt 13, 105ff., 128

Element 1f., 63
(paarweise) elementefremd 3, 65
enthalten 2, 64

Funktion 110, 114

gleich 15, 65
Grundbegriff 59, 63
Grundrelation 59, 63, 128

Induktion, vollständige 51f., 146, 159f.
Intuitionismus 34—57, 96f., 114, 154ff. u. öfter

Kardinalzahl (endliche, unendliche oder transfinite) 4f., 134
Kontinuum 8ff., 44ff., 113, 121 u. öfter
Kontinuumproblem 20, 37, 92 u. öfter

Logistik 53ff.

Mächtigkeit 4

Sachregister

Menge 1, 43f., 63, 117ff., 150
—, abzählbare 6
—, endliche 2, 141ff.
—, geordnete 14, 137
—, unendliche 2, 99
—, wohlgeordnete 17
Metamathematik 55, 158

nach(folgen) 15
nicht-prädikative Prozesse 26—34, 111ff., 119ff., 153
Nullmenge 3, 77

ordnungsfähig 137, 140f.
Ordnungstypus 16
Ordnungszahl 17, 141

$\mathfrak{P}$ 79
Paar 70
Potenz 14
Potenzmenge 14, 73, 113, 118f.
Probleme, offene 20, 57, 102, 115, 141, 147, 150, 158, 165 u. öfter
Produkt von Mengen 13, 79
— — Kardinalzahlen 13

$\mathfrak{S}$ 71
Satz von Cantor 11f., 14
Summe von Mengen 12, 71
— — Kardinalzahlen 12

Teilmenge 3, 65, 74

$\mathfrak{U}$ 73

Vereinigungsmenge 12, 71
Vergleichbarkeitssatz 19, 91
verschieden 65
vor(angehen) 15

Wohlordnungssatz 19, 37, 91ff.

Zahl, natürliche 1
—, reelle 9
—, transzendente 2
Zahlen, natürliche, in ihrer Gesamtheit 50ff., 100, 120, 159ff.
Zahlen, reelle, in ihrer Gesamtheit, siehe Kontinuum

Namenregister

LV. bedeutet Literaturverzeichnis; bei den auch im Text vorkommenden Namen ist von einem Verweis auf das Literaturverzeichnis abgesehen.

Ackermann, W. 158f.
d'Alembert 61
Anaxagoras 47
Argand, J. R. 157
Aristoteles 47, 53, 55, 60

Baldus, R. 36
Becker, O. 35, 43f.
Beggerow, H. 62
Bernays, P. 54, 158
Bernstein, F. 32
Betsch, Chr. 178
Bieberbach, L. LV.
Boehm, K. 62
Bolzano, B. 35, 45
Borel, E. 34
Boutroux, P. 34
Brodén, T. 23
Brouwer, L. E. J. 35f., 39, 44, 47—53, 114, 125, 153, 156
Brunschvicq, L. 54
Burali-Forti, C. 21, 30, 94
Burkamp, W. 53f.

Cantor, G. 1—26, 32, 43, 45, 47, 58, 73, 92, 121ff., 157 u. öfter
Carnap, R. 62
Cassirer, E. 60
Cauchy, A. 27, 45, 157

Chwistek, L. 53f., 99, 165
Combébiac, G. 135
Couturat, L. 53, 55
Courant, R. LV.

Dehn, M. LV
Dedekind, R. 25, 29, 32, 48, 53, 89, 143, 146f.
Democrit 47
Descartes 159
Dieck, W. 23, 25
Dingler, H. 103, 158
Doetsch, G. 62
Dresden, A. 36
Dubislav, W. 5, 56, 61

Eaton, R. M. 54
Enriques, F. 54
Euclid 59, 152

Fermat(sches Theorem) 41, 44, 68, 148
Finsler, P. 23, 102, 127, 178
Fraenkel, A. 1, 23, 36, 56, 62, 99, 102, 126 bis 130, 134f., 139f., 158, 163—166
Frege, G. 25, 53
Fries, J. F. 61

Galilei 47
Gauß, C. F. 49, 157
Geiger, M. 61f., 64, 101, 103, 151, 162
Gonseth, F. 178
Gordon, W. LV.
Grelling, K. 1, 144
Gumbel, E. J. LV.
Gutberlet, C. 45

Hadamard, J. 93
Hahn, H. LV.
Hartogs, F. 91
Hausdorff, F. 1, 85
Hermite, Ch. 20
Hessenberg, G. 1, 10, 121, 134f., 155
Hjelmslev, J. 48
Hilbert, D. 18, 37, 42, 46, 52—55, 59, 63, 70, 86—89, 92, 103, 125, 150, 154—164
Hölder, O. 46, 63, 155
Horák, J. M. 23, 28

Kant 24, 40, 54f., 59, 61, 158
Klein, F. 45, 157
König, J. 157
Kronecker, L. 34, 49, 51, 157
Kuratowski, C. 115, 127, 134—137, 141, 163

Namenregister

Lambert 55
Langer, S. K. 23, 54
Lebesgue, H. 34, 85, 88
Leibniz 54 f.
Lennes, N. J. 163
Levi, B. 94
Lévy, P. 36, 41
Lewis, C. I. 54
Lindemann, F. u. L. LV.
Löwenheim, L. 56 f., 112
Loewy, A. 103
London, F. 62
de Loor, B. 49
Lukasiewicz, J. 54

Mahnke, D. 55
Mertens, F. 49
Merzbach, J. 127, 169
Mirimanoff, D. 23, 101, 126, 135
Mollerup, J. 150

Neugebauer, O. LV.
v. Neumann, J. 56, 102, 126 f., 141, 150, 158, 160
Newton 161
Nicod, J. G. P. 54

Otto, R. 35

Pasch, M. 42, 59
Peano, G. 59, 94

Petzoldt, J. 23
Plato 121
Poincaré, H. 20, 27 bis 34, 50 ff., 55, 83, 86, 96, 117, 120—127, 153—156, 160
Post, E. L. 54

Ramsey, F. P. 54
Richard, J. 22 f., 27, 57, 104, 121 ff.
Rickert, H. 60
Rothstock, W. LV.
Rougier, L. 62
Russell, B. 21, 24—28, 44 f., 53 ff., 101, 108, 116, 124 f., 144 ff.

Schlick, M. 60
Schmidt, E. 94
Schoenflies, A. 1, 127
Scholz, H. 158
Schopenhauer, A. 10
Schottenfels, J. M. LV.
Schröder, E. 56
Shaw, J. B. 54
Sheffer, H. M. 54
Sierpiński, W. 20, 87, 89, 93, 101, 135, 149
Skolem, Th. 49, 56 f., 112, 126 f., 150, 160
Smart, H. R. 54
Spinoza 64
Stäckel, P. 143
Stammler, G. 158

Steinitz, E. 89, 157
Study, E. 63

Tarski, A. 92, 141 bis 144, 147
Ternus, J. 45

Vaihinger, H. 25
Vieler, H. 77, 98, 140, 142, 163
Voss, A. 53

Warrain, F. 62
Wavre, R. 36, 41
Weber, H. 143
Weierstrass, K. 20, 34 f., 45, 48, 158
Wessel, C. 157
Weyl, H. 23, 35 f., 40, 44 ff., 49, 53, 59, 62, 104, 117, 125, 156 bis 159
Whitehead, A. N. 53 f., 144
Wittgenstein, L. 54

Young, W. H. 20

Zaremba, St. 54
Zermelo, E. 19, 21, 29—32, 63, 90, 94 f., 98 f., 126 f., 130, 139 f., 144, 165

Mengenlehre. Von Dr. *K. Grelling*, Berlin-Johannisthal. Mit 7 Fig. i. T. [IV u. 49 S.] kl. 8. 1924. (Math.-Phys. Bibl. Bd. 58.) Kart. RM 1.20

Das Bändchen gibt eine Einführung in die Mengenlehre, die nicht nur als mathematische Disziplin für den Mathematiker selbst, sondern insbesondere auch für den Philosophen Interesse hat. Da die Darstellung ebenso wie die Mengenlehre selbst keinen anderen Teil der Mathematik voraussetzt, ist sie auch für den Nichtmathematiker verständlich.

Entwicklung der Mengenlehre und ihre Anwendungen. Umarbeitung des im VIII. Bande der Jahresberichte der Deutschen Mathematiker-Vereinigung erstatteten Berichts. Gemeinsam mit Dr. *H. Hahn*, Prof. a. d. Univ. Wien herausgegeben von Geh. Reg.-Rat Dr. *A. Schoenflies*, Prof. a. d. Univ. Frankfurt a. M. Erste Hälfte: **Allgemeine Theorie der unendlichen Mengen und Theorie der Punktmengen.** Von *A. Schoenflies*. 2. Aufl. Mit 8 Fig. [XI u. 389 S.] gr. 8. 1913. Geh. RM 12.—,

In der ersten Hälfte liegt die Darstellung der allgemeinen Mengenlehre sowie die der Punktmengentheorie vor. In der neuen Auflage ist unter anderem eine ausführliche Erörterung der Ordnungszahlen und der Zahlklassen, die Theorie der Hauptzahlen, ein Kapitel über den Wohlordnungssatz sowie die spezielle Theorie der linear geordneten Mengen aufgenommen. In der Theorie der Punktmengen ist vor allem das Kapitel über den Inhaltsbegriff neu gestaltet worden; von spezielleren Untersuchungen werden besonders die Baierschen und Borelschen Mengentypen sowie die Frechet-Mahloschen Homoeien näher erörtert.

Wissenschaft und Hypothese. Von *H. Poincare*, membre de l'Institut, weil. Prof. in Paris. Deutsch von Geh. Hofrat Dr. *F. Lindemann*, Prof. an der Univ. München u. *L. Lindemann* in München. 3., verbesserte Auflage. [XVII u. 357 S] 8. 1914. (Wiss. u. Hyp. I.) Geb. RM 8.—

Wissenschaft und Methode. Von *H. Poincaré*, membre de l'Institut, weil Prof. in Paris. Deutsch von Geh. Hofrat Dr. *F. Lindemann*, Prof. an der Universität München, und *L. Lindemann* in München. [VI u. 283 S.] 8. 1914. (Wiss. u. Hyp. XVII.) Geb. RM 7.—

Der Wert der Wissenschaft. Von *H. Poincaré*, membre de l'Institut, weil. Prof. in Paris. Deutsch von *E. Weber* in Straßburg. Mit Anmerk. u. Zusätzen von Dr. *H. Weber*, früh. Prof. a. d. Univ. Straßburg. Mit ein. Vorw. d. Verf. 3. Aufl. [VIII u. 251 S.] 8. 1921. (Wiss. u. Hyp. II.) Geb. RM 6.—

Im ersten der drei genannten Werke erörtert der Verfasser geistvoll Bedeutung und Wert der Hypothese im modernen Wissenschaftsbetriebe, insbesondere in der reinen und angewandten Mathematik. „Wissenschaft und Methode" gibt dann eine summarische Darstellung des gegenwärtigen Zustandes der Wissenschaften, ihrer Methoden und Tendenzen, während das letzte Werk die Objektivität der wissenschaftlichen Erkenntnisse untersucht.

Über das Wesen der Mathematik. Von Geh. Rat Dr. Dr.-Ing. h. c. *A. Voss*, Prof. an der Universität München. 3., verm. Aufl. [VI u. 123 S.] gr. 8. 1922. Geh. RM 5.—

„Der Haupttext gibt in geistvoller, auch dem Nicht-Fachmathematiker leichtverständlicher und doch echt wissenschaftlicher Art eine kurze Schilderung der Entwicklung der Mathematik und darauf einen vollständigen Überblick über alle ihre logisch und philosophisch bedeutsamen Begriffe der Probleme. In sehr wertvollen Anmerkungen findet man nähere Erläuterungen und Auseinandersetzungen mit der zeitgenössischen wissenschaftlichen Literatur. Das Buch kann daher nur aufs wärmste empfohlen werden." **(Physikalische Zeitschrift.)**

Verlag von B. G. Teubner in Leipzig und Berlin

Über die mathematische Erkenntnis. Von Geh. Rat Dr. Dr.-Ing. h. c. *A. Voss*, Prof. an der Universität München. (Die Kultur der Gegenwart. Hrsg. von Prof. Dr. P. Hinneberg, Berlin. Teil III, Abt. 1, Lfg. 3.) [VI u. 148 S.] Lex.-8. 1914. Geh. $\mathcal{RM}$ 4.—

Das Naturgesetz. Ein Beitrag zur Philosophie der exakten Wissenschaften. Von Dr. *B. Bauch*, Professor an der Universität Jena. [VIII u. 76 S.] gr. 8. 1924. (Wissenschaftl. Grundfragen, Heft 1.) Geh. $\mathcal{RM}$ 3.20

Ist für die **Naturforschung** die Naturgesetzlichkeit auf der einen Seite ebenso logische **Voraussetzung**, wie auf der anderen Seite **Ziel** wissenschaftlicher Erkenntnis, für die **Philosophie** eben darum ein ungemein bedeutungsvolles wissenschaftstheoretisches **Problem**, so kommt es der philosophischen Untersuchung darauf an, die **Struktur des Naturgesetzes** aufzudecken, um zu verstehen, welche Bedeutung diese für die Begrifflichkeit der Natur als Voraussetzung der Naturwissenschaft hat.

Das Wissenschaftsideal der Mathematiker. Von Prof. *P. Boutroux*. Übersetzt von Dr. *H. Pollaczek* in Berlin-Wilmersdorf. [ca. IV u. 256 S.] 8. (Wiss. u. Hyp., Bd. XXVIII.) 1927. Geb. $\mathcal{RM}$ 11.—

Boutroux unternimmt es in diesem Werke, die leitenden Gedanken und Prinzipien, die psychologische Einstellung zu schildern, die den Mathematiker bei seinen Forschungen leiten und beeinflussen. Also nicht die fertige sondern die werdende Wissenschaft ist es, der die eigenartige, auch Nichtmathematikern verständliche Darstellung gilt. Die Methode des Verfassers ist eine historisch-kritische. Er hebt die Geschichte der Mathematik von einer Chronik der einzelnen Entdeckungen und der einzelnen Entdecker zu einer Geschichte der mathematischen Ideen empor.

Über den Bildungswert der Mathematik. Ein Beitrag zur philosophischen Pädagogik. Von Dr. *W. Birkemeier*, Berlin. [VI u. 191 S.] 8. 1923. (Wiss. u. Hyp., Bd. XXV.) Geb. $\mathcal{RM}$ 5.60

Zur Geschichte der Logik. Grundlagen und Aufbau der Wissenschaft im Urteil der mathematischen Denker. Von *F. Enriques*, Prof. a. d. Univ. Rom. Deutsch von Dr. *L. Bieberbach*, Prof. a. d. Univ. Berlin. [ca. VI u. 224 S.] 8. (Wiss. u. Hyp., Bd. XXVI.) Geb. $\mathcal{RM}$ 11.—

Die Übersetzung dieses Werkes, das in einem Gang durch die Geschichte der mathematischen Ideen zeigt, wie die Entwicklung der Mathematik im Laufe der Jahrhunderte ein entsprechendes Fortschreiten und eine Wandlung der Logik zur Folge gehabt hat, wird willkommen sein, da die deutsche Literatur darüber nichts aufzuweisen hat; denn wir haben keine Forscher gleicher Richtung, und Enriques beherrscht den philologischen Apparat als auch das philosophische und mathematische Denken so, wie wohl überhaupt kein anderer. Das Buch wird nicht nur dem Fachmann Neues bieten, sondern auch jedem verständlich und anregend sein, der Fühlung mit dem wissenschaftlichen Denken hat.

Handbuch der Logik. Von Dr. *N. O. Losskij*, vorm. Prof. a. d. Univ. Petersburg. Autorisierte Übersetzung nach der 2., verb. u. verm. Auflage von Prof. Dr. *W. Sesemann*, Kaunas/Litauen. Mit Fig. [VII u. 447 S.] gr. 8. 1927. Geh. $\mathcal{RM}$ 16.—, geb. $\mathcal{RM}$ 18.—

„... Das Erscheinen der Logik Loßkijs bedeutet ein Ereignis nicht nur für die russische Philosophie, sondern auch für die philosophische Literatur der ganzen europäischen Welt. Es unterliegt keinem Zweifel, daß die Logik Loßkijs durch ihr tieferes Eindringen in die logische Problematik, ihre feine Architektonik, ihre lebendige Darstellung und die Frische der Gedanken alles, was in den letzten 10—15 Jahren an logischer Literatur erschienen ist, bei weitem übertrifft." (Zeitschrift „Logos".)

Verlag von B. G. Teubner in Leipzig und Berlin

Zur logischen Grundlegung der Mathematik. Von Dr. H. *Rademacher*, Prof. a. d. Univ. Breslau (Wissenschaftl. Grundfrag.) [In Vorb. 1927.]

Mathematik und Logik. Von Dr. *H. Behmann*, Privatdozent an der Universität Göttingen. (Math.-Phys. Bibl. Bd. 71.) Kart. $\mathscr{RM}$ 1.20

Das Bändchen gibt eine knappe, aber dennoch nicht im Elementaren hängen bleibende Einführung in die neuere Entwicklung der Logik, die sich an die Namen Boole, Frege, Schröder, Peano, Russell knüpft und als „mathematische" oder „symbolische" Logik bezeichnet wird.

Die logischen Grundlagen der exakten Wissenschaften. Von Geh. Reg.-Rat Dr. *P. Natorp*, weil. Prof. an der Univ. Marburg. 3. Aufl. [XX u. 416 S.] 8. 1923. (Wiss. und Hyp., Bd. XII.) Geb. $\mathscr{RM}$ 11.60

Das Buch versucht eine in den Hauptzügen vollständige, geschlossene Philosophie der exakten Wissenschaften zu bieten, wobei ein strenger Systemzusammenhang angestrebt ist.

Probleme der Wissenschaft. Von *F. Enriques*, Prof. an der Universität Rom. Deutsch von Dr. *K. Grelling*, Berlin-Johannisthal. 2 Teile. 8. 1910. (Wiss. u. Hyp., Bd. XI, 1, 2.) I. Teil: Wirklichkeit und Logik. [X, 258 u. 16 S.] Geb. $\mathscr{RM}$ 7.— II. Teil: Die Grundbegriffe der Wissenschaft. [XI u. S. 259—599.] Geb. $\mathscr{RM}$ 7.60. —

„Das Werk des berühmten italienischen Mathematikers bietet eine Fülle von feinen logischen und psychologischen Analysen, die die Prinzipien und Methoden der exakten Wissenschaften vielseitig aufklären. Der philosophische Wissenschaftsbetrieb in der Logik wird eingehend erörtert, sowie manche allgemeine Weltanschauungsfrage. Wir erhalten so ein instruktives Bild von der modernen philosophischen Bewegung in den exakten Wissenschaften." (Literarisches Zentralblatt.)

Die Grundbegriffe der reinen Geometrie in ihrem Verhältnis zur Anschauung. Untersuchungen zur psychologischen Vorgeschichte der Definitionen, Axiome und Postulate. Von Dr. *R. Strohal*, Privatdozent an der Universität Innsbruck. Mit 13 Fig. i. T. [IV u. 137 S.] 8. 1925. (Wiss. u. Hyp., Bd. 27.) Geb. $\mathscr{RM}$ 6.40

Grundlagen d. Geometrie. V. Geh. Reg.-Rat Dr. *D. Hilbert*, Prof. a. d. Univ. Göttingen. 6. Aufl. Mit zahlr. Fig. (Wiss. u. Hyp., Bd. 7.) [VI u. 264 S.] 8. 1923. Geb. $\mathscr{RM}$ 7.80

„... Das Buch stellt im besten Sinne des Wortes ein Meisterwerk dar und ist für jeden Naturwissenschaftler, mag er nun die Mathematik als Haupt- oder Nebenfach betreiben, aufs angelegentlichste zu empfehlen." (Zeitschrift für Elektrotechnik usw.)

Die vierte Dimension. Eine Einführung in das vergleichende Studium der verschiedenen Geometrien. Von Dr. *Hk. de Vries*, Prof. an der Universität Amsterdam. Nach der 2. holländ. Ausg. ins Deutsche übertragen von Dr. *R. Struick*. Mit 35 Fig. i. T. [IX u. 167 S.] 8. 1926. (Wiss. u. Hyp. XXIX.) Geb. $\mathscr{RM}$ 8.—

Die auf Grund der kürzlich erschienenen zweiten vermehrten und verbesserten Auflage veranstaltete Übersetzung des Werkes wird vielfach willkommen sein, denn die Art und Weise, in der es die Grundgedanken und Elemente der euklidischen mehrdimensionalen, sowie der nichteuklidischen Geometrien, speziell der hyperbolischen und elliptischen zu vermitteln weiß, entspricht dem Bedürfnis aller derer, die sich — insbesondere für das Studium der Mathematik wie der Physik — auf angenehmen Wege in diese Gebiete einführen lassen wollen.

Verlag von B. G. Teubner in Leipzig und Berlin

Wiss. u. Hyp. 31: Fraenkel, Grundlegung der Mengenlehre

Die nichteuklidische Geometrie. Historisch-kritische Darstellung ihrer Entwicklung. Von Dr. *R. Bonola*, weil. Prof. a. d. Univ. Bologna. Aut. deutsche Ausg. besorgt von Dr. *H. Liebmann*, Prof. a. d. Univ. Heidelberg. 3. Auf. Mit 52 Fig. im Text. [VI u. 207 S.] gr. 8. 1921. (Wiss. u. Hypoth., Bd. 4) Geb. $\mathcal{RM}$ 5.60
„Das Buch ist als leicht verständlich und reich belehrend allen zu empfehlen, die von dieser geistigen Schöpfung der neueren Mathematik bequem sich eine Vorstellung verschaffen wollen." (Deutsche Literaturzeitung.)

Nichteuklidische Geometrie in der Kugelebene. Von Dr. *W. Dieck*, Prof. am Realgymnasium zu Sterkrade. Mit 12 Fig. im Text und 1 Bildnis von Riemann. [II u. 51 S.] gr. 8. 1918. (Math.-Phys. Bibl., Bd. 31.) Kart. $\mathcal{RM}$ 1.20

Nichteuklidische Geometrie in elementarer Behandlung. Von Dr. *M. Simon*, weil. Prof. a. d. Univ. Straßburg. Hrsg. von Dr. *K. Fladt*, Studienrat an der Realschule in Vaihingen. Mit 125 Fig. i. T. u. 1 Titelbild. [XVIII u. 115 S.] gr. 8. 1925. (10. Beiheft der Zeitschrift für math. und naturw. Unterricht.) Geh. $\mathcal{RM}$ 8.—

Transzendenz von e und π. Ein Beitrag zur höheren Mathematik vom elementaren Standpunkte aus. Von Geh. Reg.-Rat Dr. *G. Hessenberg*, weil. Prof. an der Universität Berlin. [X u. 106 S.] gr. 8. 1912. Geh. $\mathcal{RM}$ 4.—

Grundlagen der Analysis. Von Geh. Hofrat Dr. *M. Pasch*, Professor an der Universität Gießen. Ausgearb. unter Mitw. von Dr. *C. Thaer*, Prof. an der Universität Greifswald. [V u. 140 S.] gr. 8. 1909. Geb. $\mathcal{RM}$ 5.—

Abhandlungen aus dem mathematischen Seminar der Hamburgischen Universität. Hrsg. von Prof. Dr. *W. Blaschke*, Prof. Dr. *E. Hecke* und Privatdozent Dr. E. *Artin*. 5. Band 1926/27, umfassend 4 Hefte zu je etwa 6 Bogen Umfang. Preis des Bandes $\mathcal{RM}$ 22.—. Einzeln erschienen: *J. Hjelmslev:* Die natürliche Geometrie (Heft 1.) *H. Tietze:* Über Analysis Situs (Heft 2.) *W. Wirtinger:* Allgemeine Infinitesimalgeometrie und Erfahrung (Heft 3.) Geh. je $\mathcal{RM}$ 1.—

Vorlesungen über Geschichte der Mathematik. Von Geh. Hofr. Dr. *M. Cantor*, weil. Prof. an d. Univ. Heidelberg. In 4 Bänden. gr. 8. I. Band: Von den ältesten Zeiten bis zum Jahre 1200 n. Chr. 4. Aufl. (Nachdruck.) Mit 114 Fig. u. 1 lithogr. Taf. [VI u. 941 S.] 1922. Geh. $\mathcal{RM}$ 30.—, geb. $\mathcal{RM}$ 33.—. II. Band: Vom Jahre 1200 bis zum Jahre 1668. 2. Aufl. (Nachdruck.) Mit 190 Fig. [XII u. 943 S.] 1923. Geh. $\mathcal{RM}$ 30.—, geb. $\mathcal{RM}$ 33.—. III. Band: Vom Jahre 1668 bis zum Jahre 1758. 2. Aufl. (Nachdruck.) Mit 147 Fig. [X u. 923 S.] 1922. Geh. $\mathcal{RM}$ 30.—, geb. $\mathcal{RM}$ 33.—. IV. Band: Vom Jahre 1759 bis zum Jahre 1799. Unter Mitarbeit von *V. Bobynin, A. v. Braunmühl, F. Cajori, S. Günther, V. Kommerell, G. Loria, E. Netto, G. Vivanti, C. R. Wallner,* hrsg. von *M. Cantor.* (Nachdruck.) [VI u. 113 S.] 1924. Geh. $\mathcal{RM}$ 35.—, geb. $\mathcal{RM}$ 39.—

Verlag von B. G. Teubner in Leipzig und Berlin

MIX
Papier aus verantwortungsvollen Quellen
Paper from responsible sources
FSC® C105338

If you have any concerns about our products,
you can contact us on
ProductSafety@springernature.com

In case Publisher is established outside the EU,
the EU authorized representative is:
**Springer Nature Customer Service Center GmbH
Europaplatz 3, 69115 Heidelberg, Germany**

Printed by Libri Plureos GmbH
in Hamburg, Germany